JN288432

機械系 教科書シリーズ 23

機 構 学

工学博士 重松 洋一
博士(工学) 大髙 敏男 共著

コロナ社

機械系 教科書シリーズ編集委員会

編集委員長	木本　恭司	（元大阪府立工業高等専門学校・工学博士）
幹　　　事	平井　三友	（大阪府立工業高等専門学校・博士(工学)）
編集委員	青木　　繁	（東京都立産業技術高等専門学校・工学博士）
（五十音順）	阪部　俊也	（奈良工業高等専門学校・工学博士）
	丸茂　榮佑	（明石工業高等専門学校・工学博士）

(2007年3月現在)

刊行のことば

　大学・高専の機械系のカリキュラムは，時代の変化に伴い以前とはずいぶん変わってきました。
　一番大きな理由は，機械工学がその裾野を他分野に広げていく中で境界領域に属する学問分野が急速に進展してきたという事情にあります。例えば，電子技術，情報技術，各種センサ類を組み込んだ自動工作機械，ロボットなど，この間のめざましい発展が現在の機械工学の基盤の一つになっています。また，エネルギー・資源の開発とともに，省エネルギーの徹底化が緊急の課題となっています。最近では新たに地球環境保全の問題が大きくクローズアップされ，機械工学もこれを従来にも増して精神的支柱にしなければならない時代になってきました。
　このように学ぶべき内容が増えているにもかかわらず，他方では「ゆとりある教育」が叫ばれ，高専のみならず大学においても卒業までに修得すべき単位数が減ってきているのが現状です。
　私は1968年に高専に赴任し，現在まで三十数年間教育現場に携わってまいりました。当初に比べて最近では機械工学を専攻しようとする学生の目的意識と力がじつにさまざまであることを痛感しております。こうした事情は，大学をはじめとする高等教育機関においても共通するのではないかと思います。
　修得すべき内容が増える一方で単位数の削減と多様化する学生に対応できるように，「機械系教科書シリーズ」を以下の編集方針のもとで発刊することに致しました。
　1．機械工学の現分野を広く網羅し，シリーズの書目を現行のカリキュラムに則った構成にする。
　2．各書目においては基礎的な事項を精選し，図・表などを多用し，わかり

やすい教科書作りを心がける。

3. 執筆者は現場の先生方を中心とし，演習問題には詳しい解答を付け自習も可能なように配慮する。

現場の先生方を中心とした手作りの教科書として，本シリーズを高専はもとより，大学，短大，専門学校などで機械工学を志す方々に広くご活用いただけることを願っています。

最後になりましたが，本シリーズの企画段階からご協力いただいた，平井三友 幹事，阪部俊也，丸茂榮佑，青木繁の各委員および執筆を快く引き受けていただいた各執筆者の方々に心から感謝の意を表します。

2000年1月

編集委員長　木本　恭司

まえがき

　機構学の目的はモータなどの動力源で生成した回転運動や直線運動を所望の運動に変換する仕掛を解析したり，創成することである．機構学は歴史も古く，先人の多くの知識が蓄積されているので，『メカニズムの事典』（伊藤　茂著，理工学社（1983））に見られるような重要で役立つ機構が多数存在し，参考になるが，それら個々のアイデアを断片的知識として網羅するだけでは不十分であろう．

　本書の2章「リンク機構」などでは，ベクトルを用いた統一的解析方法や系統的方法で機構を解析する．解説においては，前提条件を明確にし，機構のいろいろな性質が平面運動に限定されたものなのか，または空間運動にも適用できるものなのかを平易に述べる．機構の性質をこのように厳密に取り扱う方法は従来あまりないが，このアプローチは，与えられた機構の長所短所や適用限界を見通したり，ロボットや多軸マシニングセンタなどのように，今後ますます複雑に空間運動する機構を解析するときに役立つものと期待する．

　本書全体を通して，各章とも，式の導出において極力途中を省略せずに丁寧に示し，高専3年次の数学レベルで理解できるように配慮した．

　各章の概要は以下のとおりである．

　1章と2章では機械の運動とリンク機構を解説している．従来のリンク機構の解説ではあまり明確ではない前提条件や，平面または空間リンク機構への適用限界についてもできる限り明確化した．

　3章ではカム機構を解説している．平面カムや立体カムを幅広く取り上げ，写真や図を用いてその特徴をわかりやすく説明した．また，板カム理論を取り上げ，カム設計にも応用しやすいようにいくつかの実施例も紹介した．

　4章では巻掛け伝動機構を解説している．ここでは，すべりが生じる摩擦

伝動と確実に動力を伝える確実伝動の二つについて，実施例を挙げて説明している．また，設計の演習に活用できるように，代表的な規格も抜粋している．

5 章では歯車装置を解説している．歯車にはいろいろな種類があるが，本書ではそれらの中で最も基本的なインボリュート平歯車に限定している．インボリュート平歯車と遊星歯車装置の内容の多くは，著者が数年来，機構学の授業で使用しているプリントに基づいたものである．従来の歯車の解説のように，すべり接触する二つの曲線論からスタートせずに，ここでは即物的に，変速装置の要である回転数の比からスタートしている．また，章末演習問題【9】などを見るとわかるように，歯車設計の過程ではブラックボックス的な表を一切参照せず，導出しておいた基本式だけを使用して一連の設計を実行している．このプリントは，群馬高専で機構学の授業の科目担当だった白石明男先生（群馬高専名誉教授）が長年，使用されていたプリントを参考にしたものであり，本執筆に先立ち，プリント内容の使用を快諾していただいた．ここに深謝申し上げる次第である．

なお，**1** 章（機械の運動）と **2** 章（リンク機構），**5** 章（歯車装置）は重松が執筆し，**3** 章（カム機構）と **4** 章（巻掛け伝動機構）は大髙が執筆した．

脱稿まで「日暮れて道遠し」にもかかわらず，できるならば，髙木貞治著の『解析概論』のような，短いが格調高い文で本質的なことを書きたいと思ったが，浅学ゆえに，いちいち細かく計算を書いても，あまりボリュームのあるものにはできなかった．Hunt や牧野などの運動学の名著も参考にはしたつもりだが，この本を読んで読者諸兄の痒いところに手が届くか否かは，正直なところ，不明である．ご叱責賜ればと思う次第である．

最後に，遅々として進まず，途中，頓挫しかけていた執筆作業を忍耐強くサポートしてくださったコロナ社のみなさまに深謝申し上げる次第である．

2008 年 1 月

著　者

目　　　　次

1.　機 械 の 運 動

1.1　機械部品の運動と自由度 …………………………………………… *1*
1.2　瞬　間　中　心 ………………………………………………………… *5*
1.3　ベクトルを用いた運動解析（数式解法） ………………………… *10*
1.4　瞬間中心を用いたリンク運動の図形解法 ………………………… *20*
演習問題 ……………………………………………………………………… *25*

2.　リ ン ク 機 構

2.1　スライダクランク機構 ……………………………………………… *29*
2.2　節　の　交　替 ………………………………………………………… *38*
2.3　4節回転リンク機構 ………………………………………………… *41*
2.4　平行リンク機構 ……………………………………………………… *48*
2.5　直線運動機構 ………………………………………………………… *49*
演習問題 ……………………………………………………………………… *55*

3.　カ　ム　機　構

3.1　カム機構とは ………………………………………………………… *57*
3.2　カム機構の種類 ……………………………………………………… *60*
3.3　板 カ ム 理 論 ………………………………………………………… *67*
　　3.3.1　ポイントフォロワ ……………………………………………… *69*
　　3.3.2　ローラフォロワ ………………………………………………… *73*
　　3.3.3　平面フォロワ …………………………………………………… *76*

目次

3.4 カムの圧力角 …………………………………………………… 77
3.5 カム機構の実施例 ………………………………………………… 80
　3.5.1 内燃機関の吸排気弁 ………………………………………… 80
　3.5.2 ピストン駆動機構 …………………………………………… 83
演習問題 ……………………………………………………………… 84

4. 巻掛け伝動機構

4.1 巻掛け伝動装置の種類 …………………………………………… 86
4.2 ベルトの掛け方 …………………………………………………… 89
4.3 平ベルト伝動装置 ………………………………………………… 90
　4.3.1 平ベルトの種類 ……………………………………………… 90
　4.3.2 速度比 ………………………………………………………… 92
　4.3.3 ベルトの長さ ………………………………………………… 93
　4.3.4 ベルトの張力 ………………………………………………… 94
　4.3.5 ベルトのすべり ……………………………………………… 96
　4.3.6 ベルト伝動の効率 …………………………………………… 97
4.4 Ｖベルト伝動装置 ………………………………………………… 98
　4.4.1 Ｖベルトの種類 ……………………………………………… 98
　4.4.2 Ｖベルトに作用する力 ……………………………………… 99
4.5 ロープ伝動 ………………………………………………………… 103
4.6 歯付きベルト伝動 ………………………………………………… 104
4.7 ローラチェーン伝動 ……………………………………………… 105
　4.7.1 ローラチェーン伝動の特徴 ………………………………… 105
　4.7.2 ローラチェーンの構造 ……………………………………… 106
　4.7.3 スプロケット ………………………………………………… 108
　4.7.4 速度比 ………………………………………………………… 109
　4.7.5 チェーンの長さ ……………………………………………… 110
　4.7.6 伝達動力 ……………………………………………………… 110
4.8 サイレントチェーン伝動 ………………………………………… 110
　4.8.1 サイレントチェーンの特徴 ………………………………… 110

4.8.2　サイレントチェーンの構造 …………………………………… 111
　4.8.3　速　　度　　比 ………………………………………………… 112
　4.8.4　チェーンの張力 …………………………………………………… 114
　4.8.5　ベルトの長さ ……………………………………………………… 114
4.9　巻掛け伝動装置の実施例 ……………………………………………… 115
演 習 問 題 ………………………………………………………………… 118

5.　歯 車 装 置

5.1　歯車装置の基本 ………………………………………………………… 120
　5.1.1　速　　　　比 ……………………………………………………… 120
　5.1.2　かみあいピッチ円 ………………………………………………… 122
　5.1.3　平歯車とはすば歯車 ……………………………………………… 123
5.2　インボリュート平歯車 ………………………………………………… 125
　5.2.1　インボリュート曲線 ……………………………………………… 125
　5.2.2　インボリュート歯形 ……………………………………………… 128
　5.2.3　インボリュートカム ……………………………………………… 129
　5.2.4　インボリュート歯形の切削原理 ………………………………… 130
5.3　ラックとピニオン ……………………………………………………… 133
　5.3.1　基準ラック ………………………………………………………… 133
　5.3.2　基準ラックと歯車のかみあい（Ⅰ） …………………………… 134
　5.3.3　基準ラックと歯車のかみあい（Ⅱ） …………………………… 135
　5.3.4　ラックとピニオンの設計（Ⅰ）―標準歯車のピニオンが
　　　　　隙間なくかみあうとき ………………………………………… 137
　5.3.5　ラックとピニオンの設計（Ⅱ）―転位歯車のピニオンが
　　　　　隙間なくかみあうとき ………………………………………… 138
　5.3.6　ラックとピニオンの設計（Ⅲ）―転位歯車のピニオンが
　　　　　隙間を有してかみあうとき …………………………………… 139
5.4　歯車のかみあいと転位歯車の利用 …………………………………… 140
　5.4.1　圧力角とインボリュート関数 …………………………………… 140
　5.4.2　一対の歯車のかみあい …………………………………………… 145
　5.4.3　かみあい圧力角と中心距離 ……………………………………… 147

- 5.4.4 中心距離とバックラッシの式 …………………………………… *148*
- 5.4.5 転位歯車の利用（Ⅰ）—中心距離を合わせる ……………… *151*
- 5.4.6 転位歯車の利用（Ⅱ）—切下げの防止 ……………………… *151*
- 5.4.7 転位係数と中心距離増加係数 …………………………………… *153*

5.5 かみあい長さとかみあい率 ……………………………………………… *153*
- 5.5.1 歯先円と歯底円 …………………………………………………… *153*
- 5.5.2 かみあい長さ ……………………………………………………… *155*
- 5.5.3 かみあい率 ………………………………………………………… *156*
- 5.5.4 切下げ曲線の式 …………………………………………………… *157*

5.6 遊星歯車装置 ……………………………………………………………… *159*
- 5.6.1 作表法を用いた遊星歯車装置の解析 …………………………… *159*
- 5.6.2 遊星歯車のはめ込み条件 ………………………………………… *162*
- 5.6.3 作表法を用いた差動ねじの運動解析 …………………………… *163*

演 習 問 題 ……………………………………………………………………… *165*

引用・参考文献 ……………………………………………………… *171*

演 習 問 題 解 答 ……………………………………………………… *173*

索　　　　引 ……………………………………………………… *189*

1

機 械 の 運 動

　機構学とは，機械部品を組み合わせて動作する機械における各部品の運動を調べる学問である．そのとき，一般には部品に作用している力とトルクのことは考慮せずに，もっぱら運動のみに注目する．各部品の形状と部品どうしの組合せが与えられているときに用いる解析方法は，ベクトル解析等，定型のものが多いが，メーカ等の機構設計において実際に与えられているのは所望の運動であり，それを実現するための部品形状とそれらの組合せ方法は千差万別である．機構設計とは，同じ運動を生成するためにいろいろなアイデアを盛り込める段階でもあり，機構の例題集も出版されている．所望の運動を実現する機構を創出することを**機構の総合**（synthesis）という．

　ここでは，自動機械やロボット等で多用されるリンク機構とそれを構成する棒や板等の機械部品の運動に関する基本的な性質を説明する．

1.1　機械部品の運動と自由度

　剛体の機械部品を**リンク**（link），または**機素**，または**節**といい，関節のようなリンク間の連結状態を**対偶**（pair）という．動力源（actuator）が直接，駆動する節を**原動節**（driver）といい，その他の駆動される節を**従動節**（follower）という．対偶には以下のように種々の分類方法がある．

　接触状態による分類：面対偶，線対偶，点対偶，ころがり対偶，すべり対偶
　相対運動による分類：**回転対偶**，**直動対偶**，ねじ対偶，球対偶，ユニバーサルジョイント（自在継手）

ここで**相対運動**とは一方のリンクをかりに固定したときのもう一つのリンクの運動をいう．相対運動を一意に定める変数の数を**自由度**（degrees of free-

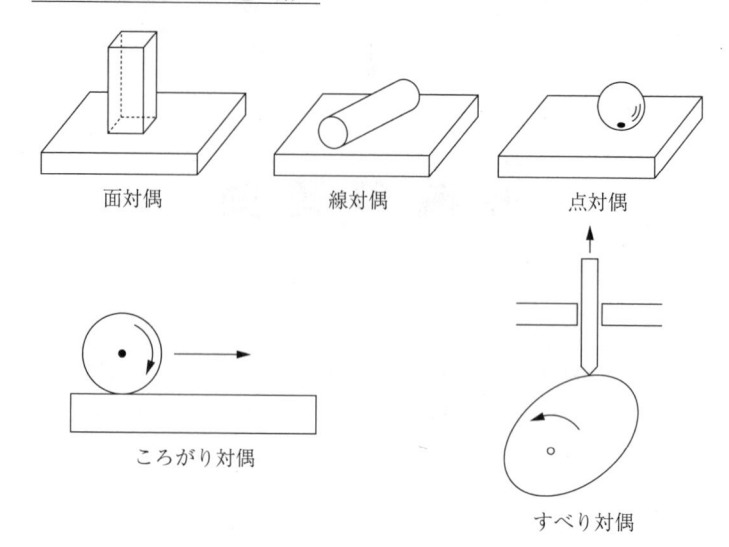

図 1.1　いろいろな対偶

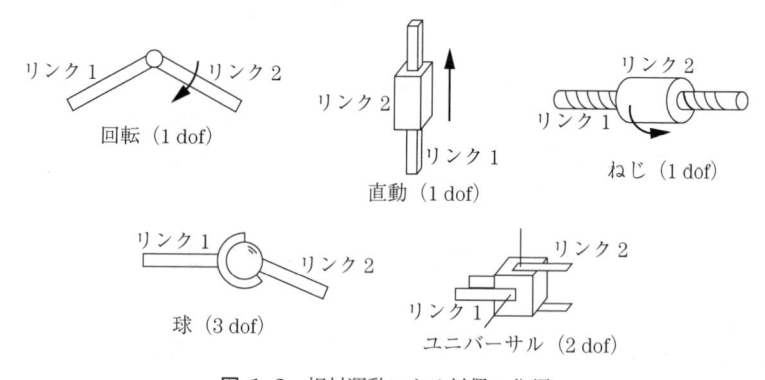

図 1.2　相対運動による対偶の分類

dom，dof と略す）という．いろいろな対偶の例と相対運動による対偶の分類と自由度を図 1.1 と図 1.2 に示す．

　クランク（crank）とは図 1.3 の 4 節回転リンク機構のリンク 2 のようにある軸まわりに 1 回転できるリンクをいう．リンクがクランクならば，その軸にモータ等を直結してそのリンクを原動節にできる．また，リンク 4 のように軸まわりに 1 回転できないリンクを**てこ**または**レバー**（lever）という．

　リンクの運動が一平面内に限定されている機構を**平面リンク機構**といい，そ

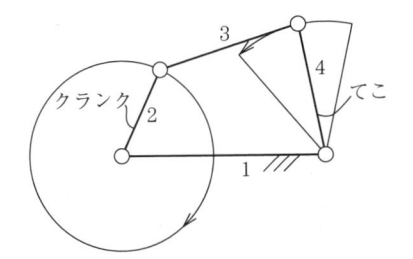

図1.3 4節回転リンク機構

れ以外の機構を**空間リンク機構**という。回転対偶を**図1.4**のようにねじれの位置に配置する単純な機構も空間リンク機構になる。空間リンク機構では各リンクは空間内を複雑に運動する。

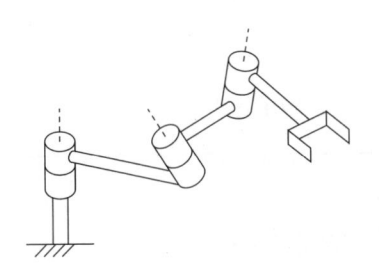

図1.4 空間リンク機構の例

図1.2は個々の対偶の自由度であるが，リンクと対偶を組み合わせた機構全体の位置姿勢を一意に定める独立変数の数も**機構全体の自由度**と定義できる。4節回転リンク機構に**図1.5**(*a*)のように1本リンクを追加するとリンクの位置姿勢が一意に定まってしまってまったく動かなくなる。このように自由度ゼロのリンクを**固定連鎖**（locked chain, locked mechanism）という。4節回転リンク機構のように自由度1の機構を**拘束連鎖**（constrained chain）という。5節回転リンク機構のように自由度2以上の機構を**不拘束連鎖**（unconstrained chain）という。不拘束連鎖では位置姿勢を定めるためには独立変数を2個以上定めなければならない。

4節回転リンク機構のようにすべてのリンク上に対偶が2個あるものを**単リンク**（simple link）といい，**図1.5**(*d*)のように1個のリンク上に3個以上の対偶があるものを**複式リンク**（compound link）という。

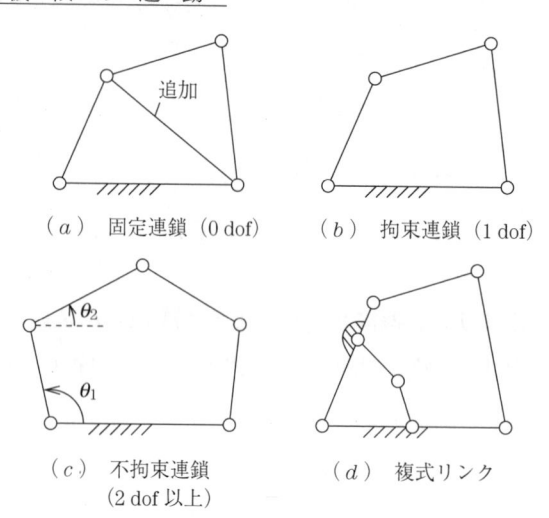

(a) 固定連鎖（0 dof）　　(b) 拘束連鎖（1 dof）

(c) 不拘束連鎖
　　（2 dof 以上）　　　(d) 複式リンク

図 **1.5**　機構全体の自由度

定理 **1.1**（機構全体の自由度）

平面リンク機構の自由度 F は次式で計算できる。

$$F = 3(n-1) - \sum_i (3 - f_i) \tag{1.1}$$

ここで，n はリンク数であり，f_i は対偶 i の自由度である。

証明　拘束されない1個のリンクの位置姿勢は**図 1.6** のようにリンク上の任意の1点 p の位置 (x, y) と x 軸から計った角度 θ により一意に定まるので自由度は3である。土台に固定されているリンクが1個だけあると仮定し，その自由度は0とすると，それ以外の拘束されていない状態の $n-1$ 個のリンクの全自由度は右辺第1

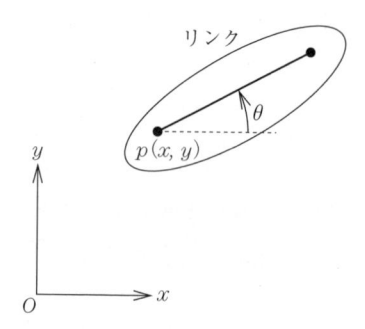

図 **1.6**　平面内におけるリンクの位置姿勢

項の$3(n-1)$となる。この機構に自由度f_iの対偶iを付けると機構の自由度が$(3-f_i)$だけ減少する。したがって，すべての対偶を付けると機構の自由度は右辺第2項の$\sum_i(3-f_i)$だけ減少し，全自由度の式（1.1）が成立する。なお，自由度の式は独立変数の数を求めるだけであり，どの変数を独立変数にすべきかにはまったく言及していない。

また，証明では1個の対偶には2リンクしか入り込んでいないことに注意せよ。したがって，1個の対偶に3個以上のリンクが入り込んだ場合には，2リンクが入り込むように変形する必要がある。 ♠

機構を規定する諸元にはつぎのようなものがある。

機構での諸元
- 自由度 F
- 瞬間中心
- リンク上の点 p の量
  位置ベクトル $\boldsymbol{p}$
  速度ベクトル $\boldsymbol{v}_p$
  加速度ベクトル $\boldsymbol{a}_p$
  躍度ベクトル $\dot{\boldsymbol{a}}_p$
- リンク自身の量
  角速度ベクトル $\boldsymbol{\omega}$
  角加速度ベクトル $\dot{\boldsymbol{\omega}}, \boldsymbol{\alpha}$

ここで，位置，速度等はリンク上の点の量であるが，回転に関する角速度等は，質点1個の性質ではなく，リンク全体の性質であるので，点は指定しない。

1.2 瞬 間 中 心

図 **1.7**（a）のように，リンク1（土台）にリンク2が回転関節12で連結されている場合，リンク2は点12まわりに回転する。このとき，点12ではリンク1，2の点の速度は0である。

図 **1.7**（b）のようにリンク2がリンク1上をころがる場合には，固定し

6 1. 機械の運動

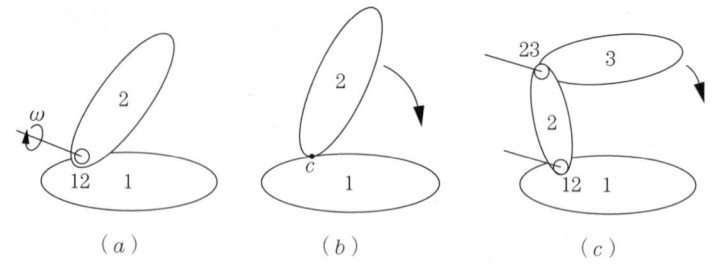

図 1.7 リンク間の相対運動

た回転中心は存在しないが，接触点 c で，やはりリンク 1，2 の点の速度は 0 である。

図 1.7 (c) の場合，リンク 3 は直接リンク 1 に接触していないが，リンク 1 に乗っている人からリンク 3 を見ると，各瞬間，リンク 3 がある点まわりに回転していることを示すことができる。この点をリンク 1，3 の瞬間中心という。リンク 1，3 はともに加速度運動していてもよい。このときも瞬間中心ではリンク 1，3 上の点は同じ速度を持つ。

以上から，つぎのように瞬間中心を定義する。

定義 1.1（瞬間中心の定義）

リンク 1 とリンク 2 の瞬間中心 12 とは，リンク 1 上の点とみなしてもリンク 2 上の点とみなしても同じ速度になる点である。

特にリンク 1 が静止している場合，瞬間中心 12 は静止した回転中心になる。また，リンク 1 が一般的に加速度運動していてもリンク 1 に乗って見た場合，瞬間中心 12 はリンク 2 の回転中心になっている。また，この定義ではリンク 1 もリンク 2 も同等であるので，瞬間中心 12 は瞬間中心 21 と同じである。

図 1.7 (a) の場合には，瞬間中心が存在することは直感的にわかるが，リンクどうしが連結されているか否かにかかわらず，つぎの性質でその存在は保証されている。

一般に平面運動するリンク 1 とリンク 2 の瞬間中心は必ず 1 個存在する。

したがって，n個のリンクから構成される平面リンク機構の瞬間中心の数は，n個から2個取り出す組合せであるから，${}_nC_2$個である．3個のリンクに対して${}_3C_2=3$個の瞬間中心が存在するが，その位置に関してつぎの定理がある．

定理 1.2（ケネディー（Kennedy）の定理）
3個のリンクの3個の瞬間中心は必ず一直線上にある．

証明 図1.8のようにリンク2に乗った人から見て，かりにリンク2が静止しているとする．リンクどうしは直接対偶でつながっていなくてもよい．リンク1とリンク2の瞬間中心を点12とすると，${}^2v_{12}={}^3v_{12}$である．一般に，左上添字iはリンクi上の点ということを意味することにする．点12をリンク2の点とみなすと${}^2v_{12}=0$であるので，${}^3v_{12}=0$となる．リンク2とリンク3の瞬間中心23についても，同様にして${}^3v_{23}=0$である．

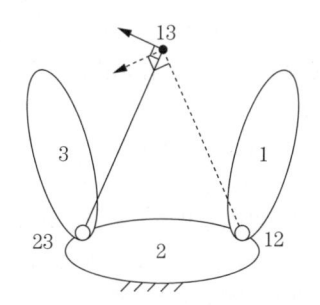

図1.8 リンク2から見た3リンク間の相対運動

背理法を用い，いま，リンク1とリンク3の瞬間中心13が点12, 23の直線上にないと仮定すると矛盾することを示す．

点13をリンク3上の点とみなすと，${}^3v_{23}=0$より${}^3v_{13}$は図のように$\overrightarrow{23,13}$と直角方向を向く．一方，点13をリンク1上の点とみなすと，${}^1v_{12}=0$より${}^1v_{13}$は図のように$\overrightarrow{12,13}$と直角方向を向く．したがって，${}^3v_{13}\neq{}^1v_{13}$となり，瞬間中心の定義に反する．したがって，点13は点12, 23の直線上になければならない．♠

例題 1.1（4節回転リンク機構，セントロ多角形） 図1.9のような四つのリンクが隣接リンクとおのおの，回転対偶で連結された4節回転リンク機構を考える．リンク1をかりに土台に固定してみる（ほかのリンクを土台に固定

8 　 1. 機 械 の 運 動

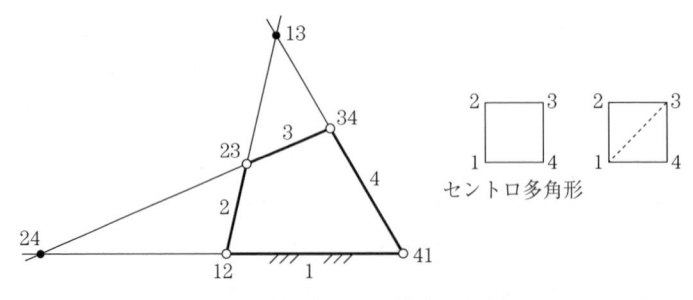

図 1.9 4節回転リンク機構の瞬間中心

してもよい)．すべての瞬間中心を求めよ．

【解答】 まず，瞬間中心の数は $_4C_2=6$ 個である．

(イ) リンク 1, 2 が回転対偶 12 で連結されているとき，点 12 の速度はリンク 1, 2 上で同じなので，点 12 がリンク 1, 2 の瞬間中心である．

同様にして，瞬間中心 23, 34, 41 がすぐにわかる．

(ロ) 瞬間中心 13 はケネディーの定理より，点 12, 23 を結ぶ直線上にあり，かつ，点 34, 41 を結ぶ直線上にある．したがって，点 13 は 2 直線の交点である．

同様にして，瞬間中心 24 は点 23, 34 の直線と点 12, 41 の直線の交点である．

以上で，すべての瞬間中心が見つかった．

ところで (ロ) において，どの 3 リンクに注目してケネディーの定理を適用するかは，リンク数が多い複雑な機構では見つけにくい．そこで「リンク i を頂点 i に対応させ，瞬間中心 ij を頂点 i, j を結ぶ辺に対応させた」セントロ多角形 (centro polygon) を定義する．以下，混乱を避けるために，セントロ多角形における頂点や辺をおのおの，**セントロ頂点**や**セントロ辺**等と呼ぶことにする．既知の瞬間中心を実線のセントロ辺で表し，未知のを破線で表すとする．すべての瞬間中心を求めるとは，セントロ多角形のすべての二つのセントロ頂点間のセントロ辺を求めることである．セントロ多角形を用いた方法は以下のようになる．

(イ′) まず，すぐにわかる瞬間中心に対応するセントロ辺 12, 23, 34, 41 を実線にする．

(ロ′) 瞬間中心 13 を見つけるために，破線のセントロ辺 13 を共通辺とする二つのセントロ三角形 △123, △134 を見つける．△123 にケネディーの定理を適用すると瞬間中心 12, 23 を結ぶ直線上に瞬間中心 13 があることがわかる．同様に △134 から，瞬間中心 14, 43 を結ぶ直線上に瞬間中心 13 があることがわかる．したがって，見つけたい瞬間中心 13 はこれら 2 直線の交点である．

瞬間中心 24 も同様にして，セントロ辺 24 を共通辺とする二つのセントロ三角形 △124，△234 から求められる。　　　　　　　　　　　　　　　　　　　◇

例題 1.2（**無限遠点の取扱い方**）　図 **1.10** のような直動対偶を含むスライダクランク機構を考える。図からもわかるように機構は 4 個のリンクで構成されているので瞬間中心の数は $_4C_2=6$ 個である。すべての瞬間中心を求めよ。

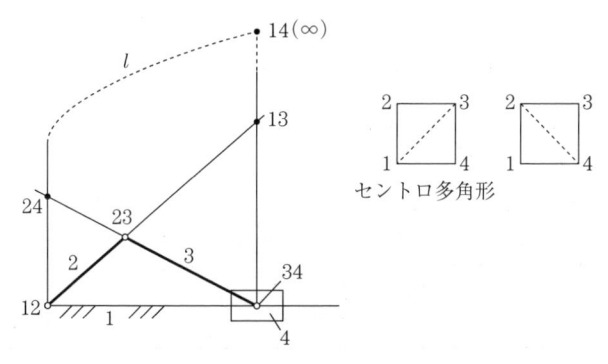

図 **1.10**　スライダクランク機構（直動対偶を含む機構）の瞬間中心

【解答】（イ）リンク 1，2 が回転対偶 12 で連結されているので，点 12 が瞬間中心である。同様にして，点 23，34 がすぐわかる。
　（イ′）リンク 1，4 の瞬間中心 14 を求める。リンク 4（スライダという）はリンク 1 上を直動しているので，リンク 4 は直動方向に垂直な無限遠点（∞）まわりに回転しているとみなせる。直動方向の垂線は無数にあり，どの垂線上に点 14 をとっても構わないが，ここでは点 34 を通る垂線上に点 14 をとることにする。
　（ロ）以上で，4 個の瞬間中心が見つかった。残り 2 個をセントロ多角形を用いて見つけてみよう。まず，図のようにセントロ多角形に既知のセントロ辺 4 本を実線で描く。瞬間中心 13 を見つけるために，セントロ辺 13 を共通辺とするセントロ三角形 △123，△134 のおのおのにケネディーの定理を適用して，瞬間中心 12，23 を結ぶ直線と瞬間中心 14，43 を結ぶ直線の交点が瞬間中心 13 であることがわかる。同様にしてセントロ辺 24 を共通辺とするセントロ三角形 △124，△234 から瞬間中心 12，14（∞）を結ぶ直線 l と瞬間中心 23，34 を結ぶ直線の交点が瞬間中心 24 である。ここで点 14（∞）は無限遠点なので，直線 l は点 12 を通り，リンク 4 の直動方向に垂直な直線になる。　　　　　　　　　　　　　　　　　　　◇

例題 1.3（すべり対偶を含む機構） 図 1.11 のようにリンク 2 が点 12 まわりに時計まわりに回転してリンク 3 を押し回すとする。リンク 2，3 の接触点 p は刻々，移動し，点 p ではすべりまたはころがりが生じる。瞬間中心の数はリンクが 3 個より $_3C_2=3$ である。すべての瞬間中心を求めよ。

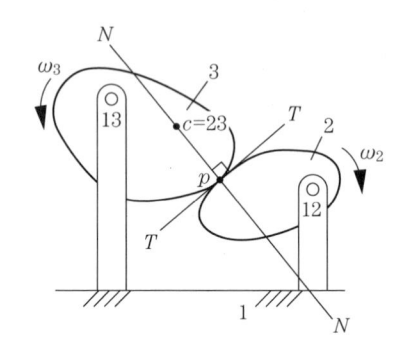

図 1.11 すべり対偶を含む機構の瞬間中心

【解答】（イ） 回転対偶 12, 13 が瞬間中心である。

（ロ） 点 23 を求める。まず，ケネディーの定理より点 23 は点 12, 13 を結ぶ直線上にある。

また，点 23 はリンク 2，3 の接触点 p での共通垂線 NN 上にもあることが以下のように示せる。したがって，点 23 は 2 直線の交点である。

「点 23 がリンク 2，3 の接触点 p での共通垂線 NN 上にある理由」

いま，リンク 2 に乗ってみるとリンク 2 は静止して見え，そのまわりをリンク 3 が一般にはすべりながらころがるように見える。このとき，^3v_p が接触点 p の接線方向 TT を向いているので，リンク 3 の回転中心 c は点 p を通る垂線 NN 上にある。回転中心 c でのリンク 2，3 の速度はともに 0 であるので，定義より，点 c が瞬間中心 23 である。　◇

1.3　ベクトルを用いた運動解析（数式解法）

一見，複雑に運動する機構を解析する場合，分割統治（divide and conquer）の原則に従って，機構を構成する個々のリンクの運動を調べるとよい。森（機構全体）を見るために個々の木（リンク）を調べるだけで十分かと思う

かもしれないが，動力を入力する部分と所望の運動を出力する部分は，一般に入出力リンク上の点であるから，個々のリンクの運動を完全に解析できさえすれば機構の運動を理解したことになる。

〔1〕 **質点の位置ベクトル** リンク上や空間内の質点 p を表現するために図 **1.12** のように適当な座標系 Σ を設定し，Σ の原点 o からの位置ベクトル $\overrightarrow{op}$ でその点を表す。座標系としては土台に固定した静止座標系などがあるが，運動を調べるために都合のよいものを適当に設定してもよい。平面リンク機構の場合はふつう，運動平面内に xy 座標系をとり，z 軸を xy 平面から右ねじの方向に垂直に出す。

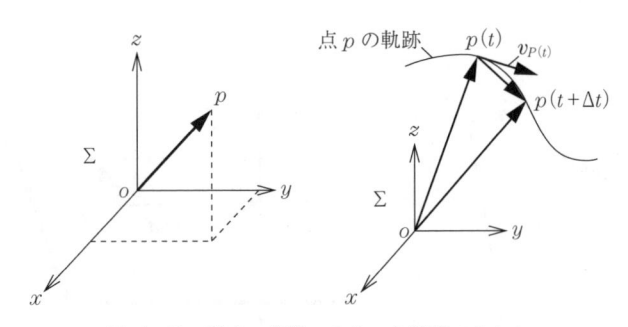

図 **1.12** 質点の位置ベクトルと速度ベクトル

〔2〕 **質点の速度ベクトル，加速度ベクトル** 質点 p の変位ベクトル $\overrightarrow{p(t)p(t+\Delta t)}$ を移動時間 Δt で割ったものを質点 p の平均速度ベクトルという。位置ベクトル $\overrightarrow{op(t)}$ が時々刻々と変化する場合には次式の極限をその瞬間における速度ベクトルという。

$$\boldsymbol{v}_p(t) = \lim_{\Delta t \to 0} \frac{\overrightarrow{op(t+\Delta t)} - \overrightarrow{op(t)}}{\Delta t} \tag{1.2}$$

ここで，$\overrightarrow{op(t)}$ の成分を t の関数で表現すれば，速度ベクトル $\boldsymbol{v}_p(t)$ は各成分を t で微分すればよい。上式より速度ベクトル $\boldsymbol{v}_p(t)$ は質点 p の位置ベクトル $\overrightarrow{op(t)}$ の時間に対する変化率であるとみなせる。

さらに，速度ベクトルをもう一度 t で微分したものを加速度ベクトル $\boldsymbol{a}_p(t)$ という。これは，速度ベクトルの時間に対する変化率であり，次式で与えられ

12　　1. 機 械 の 運 動

る。

$$a_p(t) = \lim_{\Delta t \to 0} \frac{v_p(t+\Delta t) - v_p(t)}{\Delta t} \qquad (1.3)$$

〔**3**〕 **リンクの角速度**　リンク上の任意の点の速度ベクトルを求めるために，リンクの回転運動を角速度ベクトルとして導入する。リンクの回転運動はリンク上の質点の性質ではなく，質点系の性質である。**角速度ベクトル**はリンクの回転運動を調べる上で便利である。

いま，図 **1.13** のようにリンクが固定軸まわりに ω 〔rad/s〕で回転しているとき，固定軸上に大きさが ω で，固定軸まわりにリンクを回転させると右ねじが進む方向のベクトルを角速度ベクトル $\boldsymbol{\omega}$ と定義する。

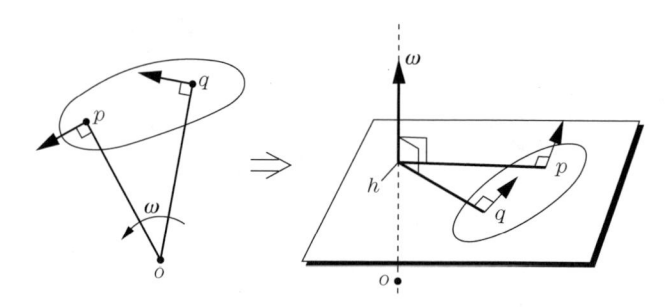

図 **1.13**　リンクの角速度ベクトル

例題 1.4　以上の場合，固定軸上の任意の1点を o とすると，リンク上の任意の点 p の速度ベクトル v_p は次式の外積で計算できる。

$$v_p = \boldsymbol{\omega} \times \overrightarrow{op} \qquad (1.4)$$

これを証明せよ。

【**解答**】　図 **1.13** のように点 p から固定軸への垂線の足を点 h とする。$\overrightarrow{op}$ を点 h 経由のベクトル和に変形し，$\overrightarrow{oh}$ が $\boldsymbol{\omega}$ に平行であることより

$$\boldsymbol{\omega} \times \overrightarrow{op} = \boldsymbol{\omega} \times (\overrightarrow{oh} + \overrightarrow{hp}) = \boldsymbol{\omega} \times \overrightarrow{hp} \qquad (1.5)$$

点 p の回転半径 r は図より $r = \overline{hp}$ であり，このベクトルの大きさは $\omega \cdot \overline{hp} = r\omega$ である。また，ベクトルの方向は回転半径に直角の速度方向を向いている。したがって，これは v_p である。　　◇

ここで，外積の計算方法を示す。

ベクトル a, b の外積 $a \times b$ とは図 1.14 のように a, b に垂直で，a から b にベクトルを回したときに右ねじの進む方向を向き，a と b を2辺とする平行四辺形の面積 S の大きさを持つベクトルである。

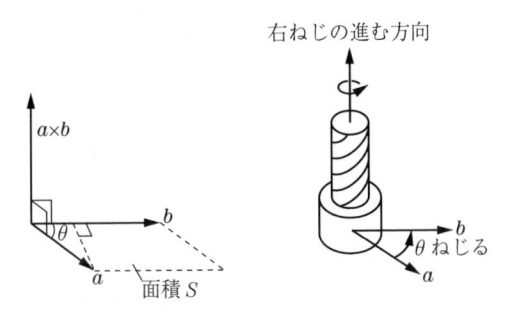

図 1.14 外積の定義

2ベクトル間の角度を θ とすると，面積 S は次式になる。

$$S = |a| \times |b| \sin\theta \tag{1.6}$$

〔4〕 **外積の重要な性質**　外積は分配則を満たすが，結合則は満たさない。

$$a \times (b+c) = a \times b + a \times c, \quad a \times (b \times c) \neq (a \times b) \times c$$

交換則も満たさず，かける順序を逆にすると符号が逆になる。

$$b \times a = -a \times b \tag{1.7}$$

ベクトル a, b を成分表示したとき

$$a = a_x i + a_y j + a_z k, \quad b = b_x i + b_y j + b_z k \tag{1.8}$$

であるから，分配則等を適用して展開整理すると外積は次式になる。

$$a \times b = \left\{ \begin{vmatrix} a_y & b_y \\ a_z & b_z \end{vmatrix}, \ -\begin{vmatrix} a_x & b_x \\ a_z & b_z \end{vmatrix}, \ \begin{vmatrix} a_x & b_x \\ a_y & b_y \end{vmatrix} \right\}^\mathrm{T} \tag{1.9}$$

ちょうど，x 成分は (a_x, b_x) を隠した残りの成分の行列式であり，y 成分は (a_y, b_y) を隠した残りの成分の行列式×(-1) であり，z 成分は (a_z, b_z) を隠した残りの成分の行列式である。

〔5〕 **外積の三重積**　3次元ベクトルの外積はまた3次元ベクトルになる

から，種のベクトルから始めて，外積演算は何度でも適用できる．特に3個のベクトルの外積を三重積という．三重積は次式のように展開できる．この公式は外積の多重積の入れ子構造を展開して，より簡単な式に変形できるので重要である．

$$a \times (b \times c) = (a \cdot c)b - (a \cdot b)c$$
$$(a \times b) \times c = (a \cdot c)b - (b \cdot c)a \qquad (1.10)$$

〔6〕 **三重積の展開公式の一つの覚え方**　まず，第1式の三重積は $a \times (\square\square\square)$ の形だから，a に垂直であり，したがって，展開しても a 成分はないはずである．また，展開後の右辺2項を見ると，b と c の2方向に展開しており，三重積の真ん中の項 b が必ず右辺1項目になっている．内積部分は残りのベクトルどうしでつくればよい．第2式の $(a \times b) \times c$ も同様に覚えるとよい．

固定軸の有無にかかわらず，一般に空間運動するリンク上の任意の点 p の速度ベクトル v_p はリンク上の代表点 q の速度ベクトル v_q とリンクの角速度ベクトル ω を用いて次式のように表現できる．

$$v_p = v_q + \omega \times \overrightarrow{qp} \qquad (1.11)$$

この式は，回転軸が存在しないような空間運動するリンクでも必ず角速度ベクトルが存在して，リンク上の1点の速度とリンクの角速度がわかれば，リンク上のほかの点の速度が一意に定まることを示している．この式は速度，加速度を求めるときの基本式である．

例題 1.5　式 (1.11) を証明せよ．

【解答】　運動するリンクが，$t=0$，$t=\Delta t$ で図 1.15 のようになったとする．おのおののリンクに固定した座標系を Σ_1，Σ_2 とし，リンク上の任意の1点 p をとる．Σ_0 は静止座標系とする．このとき，点 p の速度は定義より次式になる．

$$v_p = \lim_{\Delta t \to 0} \frac{\overrightarrow{op'} - \overrightarrow{op}}{\Delta t} \qquad (1.12)$$

$$\text{分子} = (\overrightarrow{oo_2} + \overrightarrow{o_2 p'}) - (\overrightarrow{oo_1} + \overrightarrow{o_1 p}) = (\overrightarrow{oo_2} - \overrightarrow{oo_1}) + (\overrightarrow{o_2 p'} - \overrightarrow{o_1 p})$$
$$= (\overrightarrow{oo_2} - \overrightarrow{oo_1}) + (A \cdot \overrightarrow{o_1 p} - \overrightarrow{o_1 p}) \qquad (1.13)$$

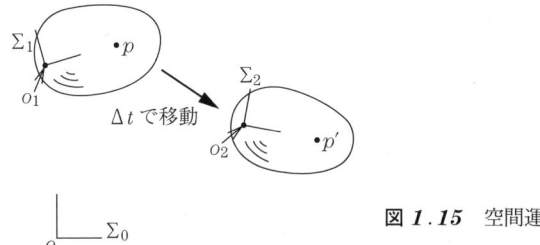

図 1.15　空間運動するリンク

ここで A は回転行列である。これを用いて lim の中身を計算する。

$$\frac{\overrightarrow{op'}-\overrightarrow{op}}{\Delta t}=\frac{\overrightarrow{oo_2}-\overrightarrow{oo_1}}{\Delta t}+\frac{A-I}{\Delta t}\cdot\overrightarrow{o_1 p} \tag{1.14}$$

ここで，I は単位行列である。

右辺第 1 項目の極限をとると座標系原点の速度 v_{o1} になる。また，右辺第 2 項目の極限をとると分数の部分が歪対称（skew symmetric）になり，したがって，外積と等価になる（この詳細は省略する）。

$$\frac{A-I}{\Delta t}\longrightarrow[\boldsymbol{\omega}\times] \tag{1.15}$$

したがって，次式が成立する。

$$\boldsymbol{v}_p=\boldsymbol{v}_{o1}+[\boldsymbol{\omega}\times]\cdot\overrightarrow{o_1 p}=\boldsymbol{v}_{o1}+\boldsymbol{\omega}\times\overrightarrow{o_1 p} \tag{1.16}$$

リンク上の別の点 q に関しても同様の式が成立する。

$$\boldsymbol{v}_q=\boldsymbol{v}_{o1}+\boldsymbol{\omega}\times\overrightarrow{o_1 q} \tag{1.17}$$

両辺を引き算して原点速度 v_{o1} を消去すると

$$\boldsymbol{v}_p-\boldsymbol{v}_q=\boldsymbol{\omega}\times(\overrightarrow{o_1 p}-\overrightarrow{o_1 q})=\boldsymbol{\omega}\times\overrightarrow{qp} \tag{1.18}$$

したがって

$$\boldsymbol{v}_p=\boldsymbol{v}_q+\boldsymbol{\omega}\times\overrightarrow{qp} \tag{1.19}$$

◇

（注意）　式（1.11）の証明では回転軸を仮定していないが，この式を用いると平面リンク機構の場合，図 1.16 のように回転軸が存在することを以下のように証明できる。また，一般的な空間リンク機構の場合も図 1.17 のように**ねじ軸**が存在することを証明できる。

（平面リンク機構の回転軸の存在）　リンク上の点で速度 $v_o=0$ となる点 o を見つければよい。点 o はその瞬間におけるリンクの回転中心とみなせる。回転中心は速度 v_q の垂直方向にあるから，図 1.18 のように点 q から $\boldsymbol{\omega}\times$

16   1. 機械の運動

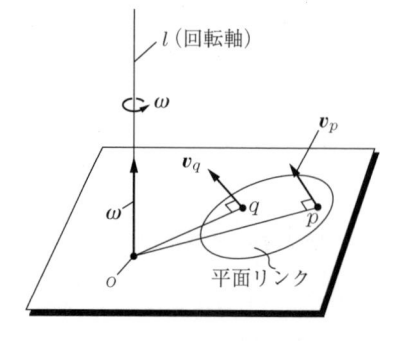

図 1.16　平面運動するリンクの回転軸

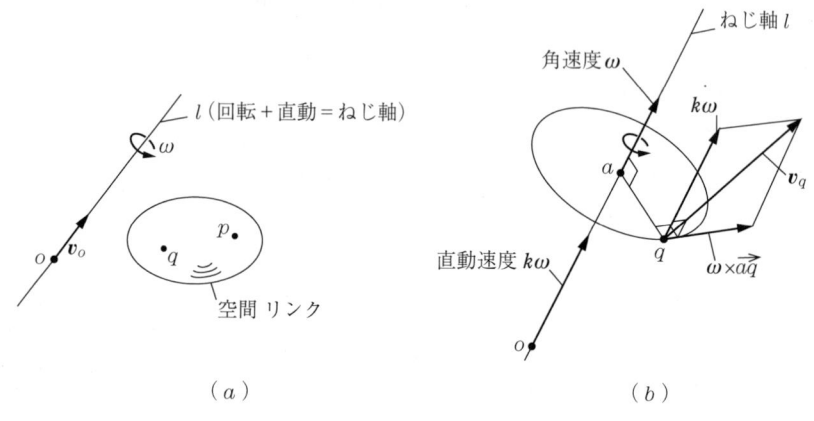

図 1.17　空間運動するリンクのねじ軸

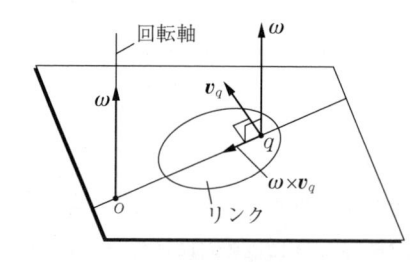

(a)　(b)

図 1.18　平面運動するリンクの回転軸の位置

v_q 方向にあるはずである．したがって，$\overrightarrow{qo}=\lambda(\boldsymbol{\omega}\times\boldsymbol{v}_q)$ とすると

$$\boldsymbol{\omega}\times\overrightarrow{qo}=\lambda\boldsymbol{\omega}\times(\boldsymbol{\omega}\times\boldsymbol{v}_q)=\lambda\{(\boldsymbol{\omega}\cdot\boldsymbol{v}_q)\boldsymbol{\omega}-|\omega|^2\boldsymbol{v}_q\}=-\lambda|\omega|^2\boldsymbol{v}_q \quad (1.20)$$

となり，点 o の速度 $\boldsymbol{v}_o$ は次式になる．

$$\boldsymbol{v}_o=\boldsymbol{v}_q-\lambda|\omega|^2\boldsymbol{v}_q \quad (1.21)$$

したがって，$\lambda=1/|\omega|^2$ とすれば，$\boldsymbol{v}_o=\boldsymbol{0}$ となる．

(空間リンク機構のねじ軸の存在)　かりにねじ軸 l が存在するとすると，図 **1.17**（b）のように，ねじ軸 l 上の任意の点 a の速度 $\boldsymbol{v}_a$ はすべて $k\boldsymbol{\omega}$ であり，ねじ軸 l 上にない点 q の速度 $\boldsymbol{v}_q$ はねじ軸 l まわりに角速度 $\boldsymbol{\omega}$ で回転することによる回転速度 $\boldsymbol{\omega} \times \overrightarrow{aq}$ と $k\boldsymbol{\omega}$ の和であるはずである。ねじ軸上の点 a が未知の場合でも，図より，ねじ軸上の1点 a は必ず $\boldsymbol{\omega} \times \boldsymbol{v}_q$ 方向になければならないから

$$\overrightarrow{qa} = \lambda(\boldsymbol{\omega} \times \boldsymbol{v}_q)$$

としてみる。リンク上の任意の2点の速度の関係式より

$$\boldsymbol{v}_a = \boldsymbol{v}_q + \boldsymbol{\omega} \times \overrightarrow{qa}$$
$$= \boldsymbol{v}_q + \boldsymbol{\omega} \times \lambda(\boldsymbol{\omega} \times \boldsymbol{v}_q)$$
$$= \boldsymbol{v}_q + \lambda\{(\boldsymbol{\omega} \cdot \boldsymbol{v}_q)\boldsymbol{\omega} - |\omega|^2 \boldsymbol{v}_q\}$$
$$= (1 - \lambda|\omega|^2)\boldsymbol{v}_q + \lambda(\boldsymbol{\omega} \cdot \boldsymbol{v}_q)\boldsymbol{\omega}$$

したがって，$\lambda = 1/|\omega|^2$ とすると

$$\boldsymbol{v}_a = \frac{(\boldsymbol{\omega} \cdot \boldsymbol{v}_q)}{|\omega|^2} \boldsymbol{\omega} \quad (\equiv k\boldsymbol{\omega})$$

となり，ねじ軸 l 上の1点 a が見つかったことになる。

〔7〕**リンクの角加速度**　平面運動するリンク a 上の点 p の速度 $\boldsymbol{v}_p$ は次式のように瞬間中心 o まわりの回転と書ける。

$$\boldsymbol{v}_p = \boldsymbol{\omega} \times \overrightarrow{op} \qquad (1.22)$$

ここで右辺の $\boldsymbol{\omega}$ も $\overrightarrow{op}$ も時間とともに変化するとする。上式を時間微分すると次式になる。

$$\boldsymbol{a}_p = \dot{\boldsymbol{v}}_p = \dot{\boldsymbol{\omega}} \times \overrightarrow{op} + \boldsymbol{\omega} \times \dot{\overrightarrow{op}} \qquad (1.23)$$

ここで $\dot{\boldsymbol{\omega}}$ をリンクの角加速度 $\boldsymbol{\alpha}$ と定義する。瞬間中心 o が固定点ならば $\dot{\overrightarrow{op}} = \boldsymbol{v}_p$ であるが，瞬間中心が図 **1.19** のように移動する場合には $\dot{\overrightarrow{op}} = \boldsymbol{v}_p - \boldsymbol{v}_o$ となる。

実際，定義より

$$\dot{\overrightarrow{op}} = \lim_{\Delta t \to 0} \frac{\overrightarrow{o(t+\Delta t)\,p(t+\Delta t)} - \overrightarrow{o(t)\,p(t)}}{\Delta t}$$

18   1. 機械の運動

図 1.19 $\overrightarrow{op}$ の増分

$$= \lim_{\Delta t \to 0} \frac{\overrightarrow{p(t)p(t+\Delta t)}}{\Delta t} - \lim_{\Delta t \to 0} \frac{\overrightarrow{o(t)o(t+\Delta t)}}{\Delta t}$$

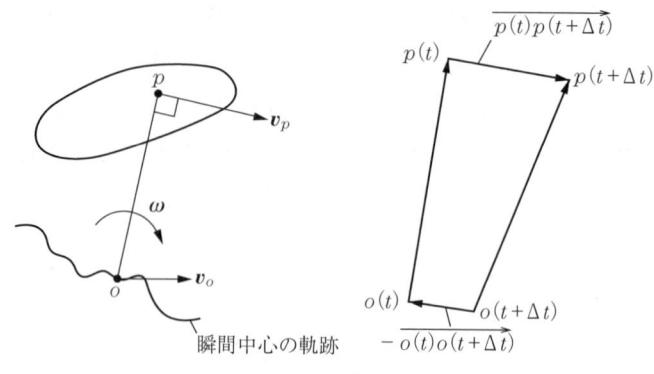

$$= \boldsymbol{v}_p - \boldsymbol{v}_o \tag{1.24}$$

上式を $\boldsymbol{a}_p$ の式に代入すると次式になる.

$$\boldsymbol{a}_p = \dot{\boldsymbol{\omega}} \times \overrightarrow{op} + \boldsymbol{\omega} \times (\boldsymbol{v}_p - \boldsymbol{v}_o)$$
$$= \dot{\boldsymbol{\omega}} \times \overrightarrow{op} + \boldsymbol{\omega} \times (\boldsymbol{\omega} \times \overrightarrow{op}) - \boldsymbol{\omega} \times \boldsymbol{v}_o$$
$$= \dot{\boldsymbol{\omega}} \times \overrightarrow{op} - |\omega|^2 \overrightarrow{op} - \boldsymbol{\omega} \times \boldsymbol{v}_o \tag{1.25}$$

上式の右辺第3項が瞬間中心の速度に起因する.ただし,瞬間中心の速度 $\boldsymbol{v}_o$ を求めるのは,一般に困難だったり,煩雑であるので,右辺第3項を消去するために,同じリンク上の点 p と点 q の加速度を考える.

$$\boldsymbol{a}_q = \dot{\boldsymbol{\omega}} \times \overrightarrow{oq} - |\omega|^2 \overrightarrow{oq} - \boldsymbol{\omega} \times \boldsymbol{v}_o$$
$$\boldsymbol{a}_p = \dot{\boldsymbol{\omega}} \times \overrightarrow{op} - |\omega|^2 \overrightarrow{op} - \boldsymbol{\omega} \times \boldsymbol{v}_o \tag{1.26}$$

第1式から第2式を引くと次式を得る.なお,空間リンクの場合にはこの式に $(\boldsymbol{\omega} \cdot \overrightarrow{pq})\boldsymbol{\omega}$ が加わった複雑な式になる.

$$\boldsymbol{a}_q - \boldsymbol{a}_p = \dot{\boldsymbol{\omega}} \times (\overrightarrow{oq} - \overrightarrow{op}) - |\omega|^2 (\overrightarrow{oq} - \overrightarrow{op})$$

したがって

$$\boldsymbol{a}_q = \boldsymbol{a}_p + \dot{\boldsymbol{\omega}} \times \overrightarrow{pq} - |\omega|^2 \overrightarrow{pq} \tag{1.27}$$

〔8〕 相対変位,相対速度,相対加速度   図 **1.20** と図 **1.21** でリンク上の点 q の位置ベクトル $\overrightarrow{oq}$ を点 p 経由で表す.

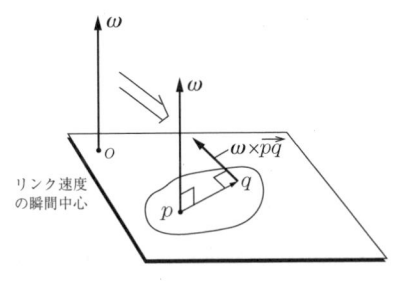

図 1.20　点 q の点 p に対する相対速度

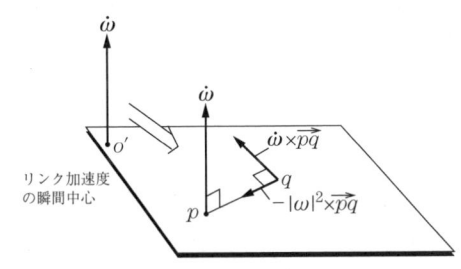

図 1.21　点 q の点 p に対する相対加速度

$$\overrightarrow{oq} = \overrightarrow{op} + \overrightarrow{pq} \tag{1.28}$$

ここで，$\overrightarrow{pq}$ は点 p に立ってみたときの点 q の位置ベクトルであり，点 q の点 p に対する**相対変位**と定義する．点 p，q は同じリンク上にあってもなくてもよい．相対変位の1階と2階の時間微分をおのおの点 q の点 p に対する**相対速度** v_{pq}，**相対加速度** a_{pq} と定義する．上式を時間微分すると次式を得る．

$$v_q = v_p + v_{pq}, \quad a_q = a_p + a_{pq} \tag{1.29}$$

点 p と点 q が同一空間リンク上にある場合，次式が成立する．

$$v_{pq} \perp \overrightarrow{pq} \tag{1.30}$$

実際，$\overrightarrow{pq} \cdot \overrightarrow{pq} = |\overrightarrow{pq}|^2$（＝一定）を時間微分すると次式になる．

$$0 = (\overrightarrow{pq} \cdot \overrightarrow{pq})^{\cdot} = 2\,\overrightarrow{pq} \cdot \dot{\overrightarrow{pq}} = 2\,\overrightarrow{pq} \cdot v_{pq} \tag{1.31}$$

一方，点 p と点 q が同一空間リンク上にある場合，次式も成立している．

$$v_q = v_p + \omega \times \overrightarrow{pq} \tag{1.32}$$

相対速度の式とこの式を比較すると

$$v_{pq} = \omega \times \overrightarrow{pq} \tag{1.33}$$

であることがわかる．また，式 (1.32) を時間微分すると，平面リンクの場合，つぎのような加速度の式を得る．

$$a_q = a_p + \dot{\omega} \times \overrightarrow{pq} - |\omega|^2 \overrightarrow{pq}, \quad a_{pq} = \dot{\omega} \times \overrightarrow{pq} - |\omega|^2 \overrightarrow{pq} \tag{1.34}$$

式 (1.34) の a_{pq} の式の右辺第1項は $\overrightarrow{pq}$ に垂直な成分ベクトルであり，第2項は $\overrightarrow{pq}$ に平行な成分ベクトルである．相対速度と相対加速度を**図 1.20** と**図 1.21** に示す．

〔9〕 **コリオリ（Coriolis）の加速度**　　図 **1.22** のようなリンク機構を考える。スライダ上の点 q の速度は，その瞬間に点 q と同じ位置にあるリンク 2 上の点 p を経由して次式のように書ける。

$$v_q = v_p + v_{pq} = v_p + \dot{l}e_2 \tag{1.35}$$

ここで，ω はリンク 2 の角速度であり，$\dot{l}$ はスライダがリンク 2 上を移動する速度である。点 p，q は同じリンク上にはないので，相対加速度の式 $a_{pq} = \dot{\omega} \times \overrightarrow{pq} - |\omega|^2 \overrightarrow{pq}$ は使用できないが，以下のように相対加速度 a_{pq} を求めることができる。

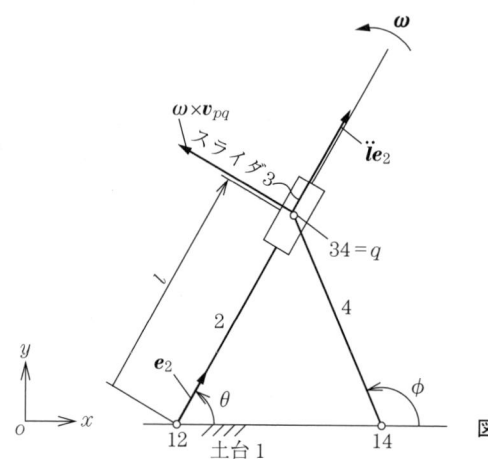

図 **1.22**　コリオリの加速度

相対速度 $v_{pq} = \dot{l}e_2$ の両辺を時間微分すると

$$a_{pq} = \ddot{l}e_2 + \dot{l}\dot{e}_2 = \ddot{l}e_2 + \dot{l}\omega \times e_2 = \ddot{l}e_2 + \omega \times v_{pq} \tag{1.36}$$

ここで，$\omega \times v_{pq}$ を**コリオリの加速度**という。これは，ω と v_{pq} に垂直であるから，図のように円周方向を向き，ω と v_{pq} に比例する大きさを持つ。

1.4　瞬間中心を用いたリンク運動の図形解法

前節までの速度等の基本式と瞬間中心を用いてリンク上の点の，土台に固定したリンクに対する相対速度等を作図で求めてみよう。このような解法を**図形**

解法という.

〔**1**〕 **リンク上の点の速度の作図法** 図 1.23 のようにリンク a 上の点 A の速度が既知のときに同じリンク上の点 B の速度を作図する.リンク a と土台に固定したリンク g の瞬間中心を点 O とすると,この瞬間にリンク a は点 O まわりに角速度 ω_a で回転している.速度を求める図形解法には(a) **移送法**,(b) **連節法**,(c) **分解法**があるが,いずれの方法も基本式は式 (1.22),式 (1.32) と同様に次式である.

$$v_p = \omega_a \times \overrightarrow{op}, \quad v_q = v_p + \omega_a \times \overrightarrow{pq} \tag{1.37}$$

ここで,点 p,q は同じリンク a 上の点である.また,式中,ω_a が出てくるがその大きさは未知のままでよい.実際,以下の各方法の具体的な作図手順では ω_a を用いていないことに注目せよ.

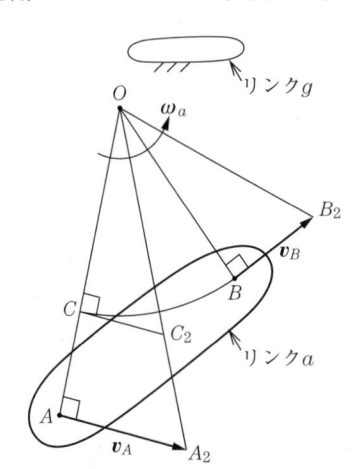

図 1.23 移送法による速度の作図

(a) **移　送　法**　リンク a 上の 2 点 A,B の速度は,基本式より次式になる.

$$v_A = \omega_a \times \overrightarrow{OA}, \quad v_B = \omega_a \times \overrightarrow{OB} \tag{1.38}$$

ここで,リンクが紙面内を平面運動すると仮定すると,ω_a は紙面に垂直なので,ベクトルの外積の大きさはつぎのようになる.

$$v_A = \omega_a \cdot OA, \quad v_B = \omega_a \cdot OB \tag{1.39}$$

したがって,未知数 ω_a を消去して

$$v_A : v_B = OA : OB, \quad または \quad \frac{v_A}{v_B} = \frac{OA}{OB} \qquad (1.40)$$

が成立する。

v_B の向き：リンク a 上の点 A の速度 v_A の向きが既知とすると，図のようにリンク a の角速度 ω_a の向きがわかり，したがって，リンク上の点 B の速度 v_B の向きもわかる。

v_B の大きさ：点 A の速度 v_A の大きさが既知とし，図の三つの直角三角形を作図する。

（手順1） $AA_2 = v_A$ として，△OAA_2 と相似な △OCC_2 を作図する。

（手順2） △OCC_2 と合同な △OBB_2 を作図し，$\overrightarrow{BB_2} = v_B$ とする。

このとき，実際，△OAA_2 と △OBB_2 は相似となり，$v_A : v_B = AA_2 : BB_2 = OA : OB$ が成立している。

（b）連　節　法　　図 **1.24** のように点 O が無限遠点や遠くの有限点の場合，移送法では作図に必要な点 O が図からはみ出してしまう。図 **1.25** に示す連節法では，三角形の頂点 O を描かなくても比例式 $v_A : v_B = OA : OB$ を満足するように点 B_2 を描ける。以下の作図法に点 O がまったく出てこないことに注目せよ。

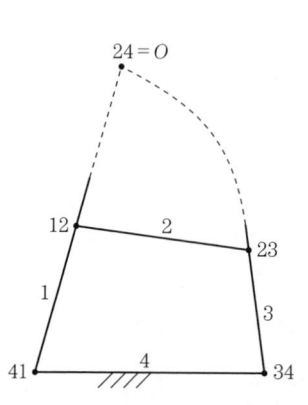

図 **1.24**　瞬間中心が遠方に存在するケース

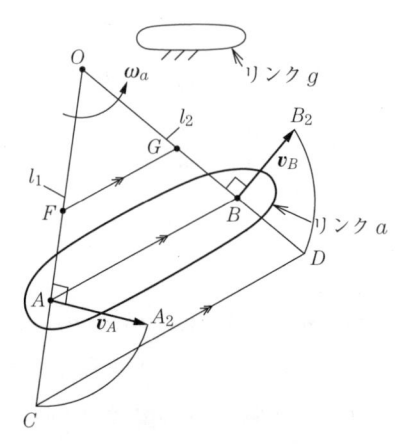

図 **1.25**　連節法による速度の作図

まず移送法と同じく v_B の向きを決める.
（手順1） $AA_2=AC$ の点 C を直線 l_1 上にとる.
（手順2） 点 C から AB の平行線を引き，$AB /\!/ CD$ の点 D を直線 l_2 上にとる.
（手順3） $BD=BB_2$ の点 B_2 を，点 B から立てた直線 l_2 の垂線上にとり，$\overrightarrow{BB_2}=v_B$ とする.

このとき，$\triangle OAB$ と $\triangle OCD$ が相似なので，相似三角形の辺比の性質より，$v_A:v_B=AA_2:BB_2=AC:BD=OA:OB$ が成立している．なお，図のように2点 C, D と反対向きに $AA_2=AF$, $BB_2=BG$ となる2点 F, G を用いても同じ速度 v_B を作図できる.

（c）**分　解　法**　速度の基本式で点 p, q を同じリンク a 上の点 A, B とする.

$$v_B = v_A + \omega_a \times \overrightarrow{AB} \tag{1.41}$$

相対速度の式から，右辺第2項は点 B の点 A に対する相対速度 v_{AB} であり，これは外積の定義から $\overrightarrow{AB}$ に垂直である．ベクトルを AB の平行成分と垂直成分に分解して考えると図 **1.26** より次式が成立している.

$$v_{B\parallel} = v_{A\parallel}, \quad v_{B\perp} = v_{A\perp} + v_{AB} \tag{1.42}$$

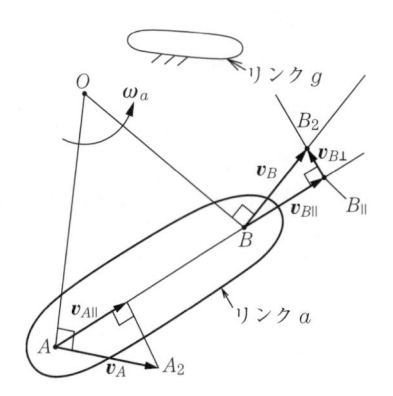

図 1.26　分解法による速度の作図

点 A の速度 v_A が与えられているとき，この式を用いて以下のように作図すれば，点 B の速度 v_B が得られる.

(手順 1)　$v_{A\parallel}=v_{B\parallel}$ となるように平行成分 $v_{B\parallel}$ を点 B から出す。

(手順 2)　平行成分の先端 $B_\parallel$ から AB の垂線を立て，点 B から立てた OB の垂線との交点を点 B_2 とする。$\overrightarrow{BB_2}=v_B$ とする。

ここで，平行成分の式は手順1で用いられているが，垂直成分 $v_{A\perp}$ は手順ではまったく用いられていないことに注目せよ。

〔2〕 **リンク上の点の加速度の作図法**　角速度 ω と角加速度 $\dot{\omega}$ で平面運動するリンク a 上の 2 点 p，q の加速度の関係は次式になる。

$$\boldsymbol{a}_q=\boldsymbol{a}_p+\dot{\boldsymbol{\omega}}\times\overrightarrow{pq}-|\omega|^2\overrightarrow{pq} \qquad (1.43)$$

同じ $\boldsymbol{a}_q$ は相対加速度 $\boldsymbol{a}_{pq}$ を用いて $\boldsymbol{a}_q=\boldsymbol{a}_p+\boldsymbol{a}_{pq}$ とも書けるから，次式を得る。

$$\boldsymbol{a}_{pq}=\dot{\boldsymbol{\omega}}\times\overrightarrow{pq}-|\omega|^2\overrightarrow{pq} \qquad (1.44)$$

〔3〕 **リンクが固定点 o まわりを回転する場合**　まず，瞬間中心点 p が固定点 o の場合を考えてみると，$v_o=a_o=0$ より

$$\boldsymbol{v}_q=\boldsymbol{\omega}\times\overrightarrow{oq},\quad \boldsymbol{a}_q=\dot{\boldsymbol{\omega}}\times\overrightarrow{oq}-|\omega|^2\overrightarrow{oq} \qquad (1.45)$$

ここで，$\boldsymbol{a}_q$ の式の右辺第1項は角加速度 $\dot{\omega}$ に起因した加速度成分であり，円周方向を向いている。また，第2項は点 q から点 o へ向いている向心加速度であり，よく知られた等速円運動では向心加速度 $a=r\omega^2=v^2/r$ の式と同じである。

また，上の2式から明らかなように，速度 $\boldsymbol{v}_q$ も加速度 $\boldsymbol{a}_q$ も大きさ $\overrightarrow{oq}$ に比例するので，例えば，$\overrightarrow{oq_2}=k\overrightarrow{oq}$（$k$ は任意定数）なる点 q_2 をとると，$v_{q2}=kv_q$，$a_{q2}=ka_q$ となる。

向心加速度の作図方法を**図 1.27** に示す。手順はつぎのようになる。

(手順 1)　直径を $\overrightarrow{oq}$ とする円を描き，$\overrightarrow{qB}=v_q=\omega\cdot\overrightarrow{oq}$ となる点 B を円周上にとる。

(手順 2)　点 B から oq に立てた垂線の足を点 H とすると，$\overrightarrow{qH}=-|\omega|^2\overrightarrow{oq}$ である。

実際，△oqB と △BqH が相似であるから

　　$qH:qB=qB:oq$

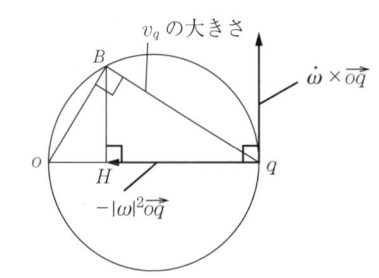

図 *1.27* 向心加速度の作図方法

したがって

$$qH = \frac{(qB)^2}{oq} = \frac{\omega^2 \cdot oq^2}{oq} = \omega^2 \cdot oq \tag{1.46}$$

一方，円周方向の加速度のほうは，$\dot{\omega} \cdot oq$ の大きさのベクトルを直接，作図する．

〔**4**〕 **瞬間中心が移動する場合**　リンクの瞬間中心が固定点の場合には以上の作図方法で正しいが，つぎに，瞬間中心が時間とともに移動する一般的な場合を考える．

$$\boldsymbol{a}_q = \boldsymbol{a}_p + \boldsymbol{a}_{pq}, \quad \boldsymbol{a}_{pq} = \dot{\omega} \times \overrightarrow{pq} - |\omega|^2 \overrightarrow{pq} \tag{1.47}$$

であるから，相対加速度が式（1.45）と同じ形であることがわかる．したがって，上の手順1, 2を $\overrightarrow{pq}$ に用いればよい．

演 習 問 題

【1】 問図 *1.1* のおのおのの機構にリンク番号を付し，対偶を明示し，自由度 F を計算せよ．

【2】 問図 *1.2* はテーブルリフトである．おのおのの機構の機構図を描き，リンク番号を付し，対偶を明示し，自由度 F を計算せよ．

【3】 問図 *1.3*〜*1.6* のおのおのの機構の瞬間中心をすべて求めよ．

【4】 任意歯形の一組の歯車1, 2がかみあい，その回転数が n_1, n_2 とする（**問図 *1.7***）．歯面接触点 Q での歯面法線 NN' と線分 O_1O_2 との交点を P とする．
 　（1） 土台リンクを g として，すべての瞬間中心を図示せよ．
 　（2） 速比 $u = n_2/n_1$ と定義して，$u = O_1P/O_2P$ になることを示せ．

26   1. 機械の運動

(a)

(b)

(c)

(d)

(e)

問図 **1.1** 各機構

(a)

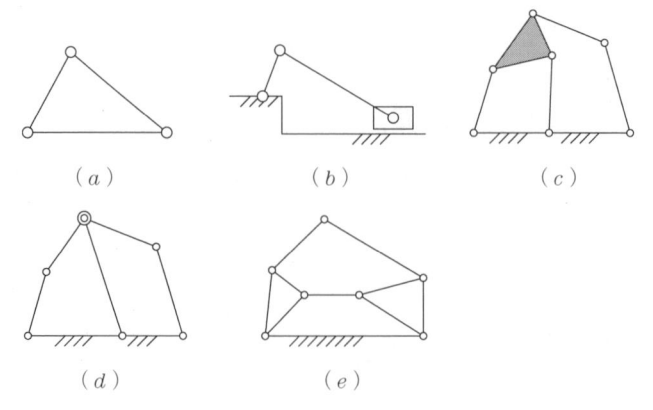

(b)

(c)

問図 **1.2** テーブルリフト（写真提供：(株) 河原）

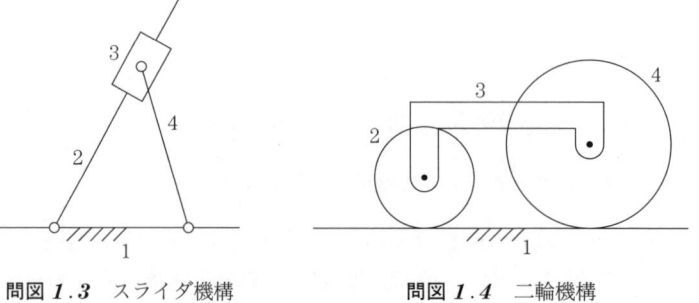

問図 **1.3** スライダ機構

問図 **1.4** 二輪機構

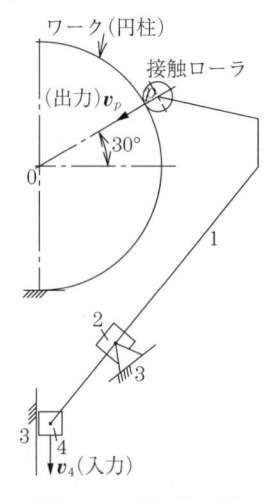

問図 1.5 円柱把持機構

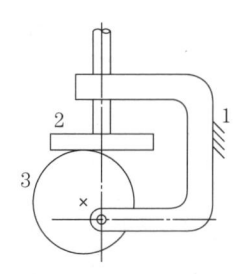

問図 1.6 偏心円板カム機構

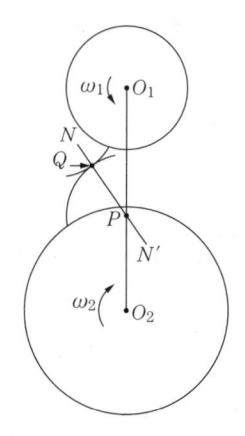

問図 1.7 歯車のかみあい

(3) 歯車の角速度をおのおの，ω_1，ω_2 とすると，歯面 2 上の接触点 Q に対する歯面 1 上の接触点 Q のすべり速度の大きさは $(\omega_1+\omega_2)\cdot PQ$ になることを示せ．

【5】 問図 **1.8** のリンク機構で点 B の速度ベクトルが図のように与えられているとする．以下の各問に答えよ．
　　(1) 瞬間中心 13 を図示し，点 A の速度ベクトルを移送法で求めよ．
　　(2) 瞬間中心 15 を図示し，点 C の速度ベクトルを連節法で求めよ．

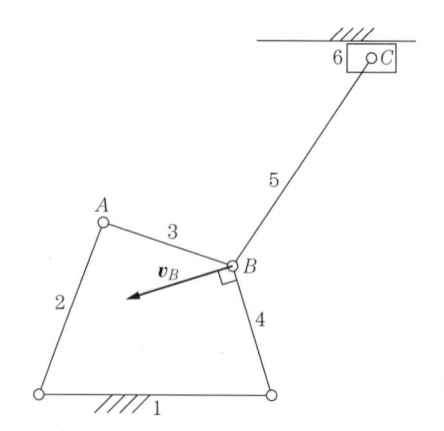

28   1. 機 械 の 運 動

問図 **1.8**

【6】 問図 **1.9** のスライダクランク機構でスライダ上の点 B の速度ベクトルが図のように与えられているとする。以下の各問に答えよ。
　　（1） リンク番号と対偶を図中に記入し，機構の自由度 F を計算せよ。
　　（2） 瞬間中心をすべて図示せよ。
　　（3） クランク先端点 A の速度ベクトルを分解法で求めよ。

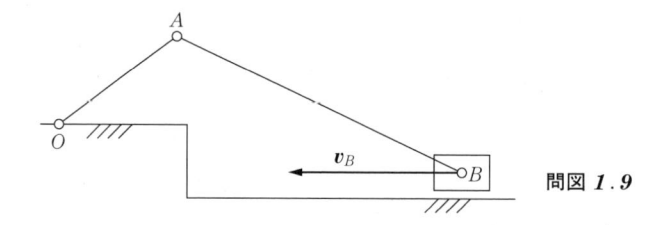

問図 **1.9**

2

リンク機構

　産業用ロボットなどの自由度が2以上の不拘束連鎖はいろいろと考えることができるが，1個の自由度を駆動するために1個のアクチュエータを用いるとすると，不拘束連鎖を採用した場合，自由度の数だけのアクチュエータを同時に制御することが必要になり，機構学だけでは対処できなくなる．ここでは機構学だけで対応できる自由度が1の拘束連鎖に限定し，その中でもリンク数が少なく，単純で多用されているスライダクランク機構と4節回転リンク機構をおもに取り上げ，その運動を解析する．

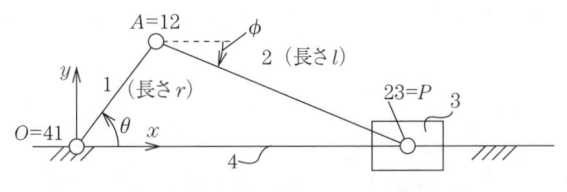

2.1　スライダクランク機構

　図 *2.1* のような四つのリンクで構成される平面リンク機構を考える．図で対偶12，23，41は回転対偶であり，対偶34は直動対偶である．リンク1は点41まわりに360度回転できるクランクであり，リンク3は土台4上を直動できる**スライダ**であり，リンク2はクランクとスライダを連結する**連結棒**（connecting rod）である．このような機構を**スライダクランク機構**（slider crank mechanism）という．

　スライダクランク機構において，原動節をクランクとし，従動節をスライダ

図 *2.1*　スライダクランク機構

とした機構は，エアコンプレッサ等に応用される．逆に，原動節をスライダとし，従動節をクランクとするとエンジン等に応用される（**表 2.1**）．

表 2.1 スライダクランク機構

原動節	従動節	応　用
クランク	スライダ	エアコンプレッサ
スライダ	クランク	エンジン

ここでは，クランク軸の角度 θ，角速度 $\dot{\theta}$ 等を用いて，スライダ上の点 P の位置 p，速度 v_p 等をベクトル計算で導いてみよう．

瞬間中心などのような図形を用いた解法に対して，本方法は数式をおもに用いるので**数式解法**という．図形解法では作図や寸法の読取りの際の誤差が避けられないが，数式解法では厳密な式を求めることができる．

〔1〕**スライダ上の点 P の位置**　　いま，各部分の運動を解析するために**図 2.1** のように xy 座標を導入する．機構の自由度を計算すると 1 であるから，クランク角度 θ を任意に与えるとすべてのリンクの位置姿勢が一意に定まる．

スライダ上の点 P の位置，速度，加速度を求めてみる．まず，点 P までの位置ベクトルを点 A 経由で分解すると

$$\overrightarrow{OP} = \overrightarrow{OA} + \overrightarrow{AP} \tag{2.1}$$

左右をおのおの成分表示すると

$$\begin{Bmatrix} x \\ 0 \end{Bmatrix} = \begin{Bmatrix} rC_\theta \\ rS_\theta \end{Bmatrix} + \begin{Bmatrix} lC_\phi \\ lS_\phi \end{Bmatrix} \tag{2.2}$$

ここで，x は点 P の x 座標である．点 P が x 軸上にあるので，y 座標は 0 である．(r, l) はおのおのクランクと連結棒の長さである．また，$C_\theta = \cos\theta$，$S_\theta = \sin\theta$ と表現する．その他の三角関数も以下，同様に略記する．

各成分の等式から

$$x = rC_\theta + lC_\phi \tag{2.3 a}$$

$$0 = rS_\theta + lS_\phi \tag{2.3 b}$$

式 (2.3 b) は θ と ϕ の関係式と見なせる．θ，ϕ の一方が独立変数であ

り，他方が従属変数である．クランク角度 θ を任意に定めると式 $(2.3\,b)$ より ϕ が求まり，式 $(2.3\,a)$ より x が定まる．以上の 2 式から従属変数 ϕ を消去することを考えてみると，式 $(2.3\,b)$ より

$$S_\phi = -\frac{r}{l}S_\theta = -\lambda S_\theta$$

$$\therefore\ C_\phi = \sqrt{1-S_\phi{}^2} = \sqrt{1-\lambda^2 S_\theta{}^2} \tag{2.4}$$

ここで，図 **2.1** より，C_ϕ は $C_\phi \geq 0$ 側をとった．また，$\lambda = r/l$ である．図 **2.2** のような $\theta = \pi$ のときの位置姿勢より，$r \leq l$ であるから，必ず $\lambda \leq 1$ である．実際には，$\lambda = 1/4 \sim 1/5$ 程度が用いられる．

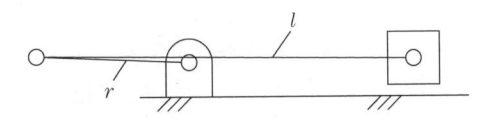

図 **2.2**　$\theta=\pi$ のときのスライダクランク
　　　　機構の姿勢

式 (2.4) を式 $(2.3\,a)$ に代入すると

$$x = rC_\theta + l\sqrt{1-\lambda^2 S_\theta{}^2} = r\left(C_\theta + \frac{1}{\lambda}\sqrt{1-\lambda^2 S_\theta{}^2}\right) \tag{2.5}$$

これより，θ を与えると点 P の x 座標を計算できる．

ただし，$\sqrt{\ \ }$ の部分の概形はこれではわからないので，つぎの **2 項展開**の公式を用いて $\sqrt{\ \ }$ をはずしてみる．

$$(1+x)^a = 1 + \frac{a}{1}x + \frac{a(a-1)}{2!}x^2 + \frac{a(a-1)(a-2)}{3!}x^3$$

$$+ \cdots + \frac{a!}{n!(a-n)!}(\xi x)^n$$

$$0 \leq \xi \leq 1,\ \text{収束半径は}\ |x|<1 \tag{2.6}$$

ここで，a は任意の実数である．この公式は，$f(x) = (1+x)^a$ を $x=0$ まわりでテイラー展開したものである．2 項展開を用いて，λ^4 まで展開すると次式を得る．

$$\sqrt{1-\lambda^2 S_\theta{}^2} = 1 + \frac{\frac{1}{2}}{1!}(-\lambda^2 S_\theta{}^2) + \frac{\frac{1}{2}\left(\frac{1}{2}-1\right)}{2!}(-\lambda^2 S_\theta{}^2)^2 + \cdots \qquad (2.7)$$

$$= 1 - \frac{\lambda^2}{2}S_\theta{}^2 - \frac{\lambda^4}{8}S_\theta{}^4 \xi^4 \qquad (2.8)$$

したがって，$\sin^2\theta = (1-\cos 2\theta)/2$ を用いて

$$x \cong r\left\{C_\theta + \frac{1}{\lambda}\left(1 - \frac{\lambda^2}{2}S_\theta{}^2\right)\right\} = r\left\{C_\theta + \frac{1}{\lambda} - \frac{\lambda}{4}(1-C_{2\theta})\right\} \qquad (2.9)$$

となる。このグラフは、$\cos\theta$，$\cos 2\theta$ の重ね合せで描ける。

（注意）

（1） Mathematica 等の数式処理ソフトウェアを用いれば，元の厳密式を定義するだけでグラフを簡単に描け，極値等も数値計算できる。

（2） 近似式を用いるときには，必ずその誤差を見積っておかなくては，その近似式の信頼性が乏しい。そこで式 (2.9) での相対誤差を評価してみる。

$$\left|\frac{\sqrt{1-\lambda^2 S_\theta{}^2} - \left(1 - \frac{\lambda^2}{2}S_\theta{}^2\right)}{\sqrt{1-\lambda^2 S_\theta{}^2}}\right| \leq \frac{\frac{\lambda^4}{8}}{\sqrt{1-\lambda^2}} \leq \frac{\frac{1}{8}\left(\frac{1}{4}\right)^4}{\sqrt{1-\left(\frac{1}{4}\right)^2}} = 0.004\,034\cdots$$

$$\cong 0.5\,\% \qquad (2.10)$$

ここで，$\lambda^4/\sqrt{1-\lambda^2}$ は，$0 \leq \lambda \leq 1-0$ の範囲では単調増加しているので，通常用いられる $\lambda = 1/4$ 以下では，0.5％以下の相対誤差となる。

〔2〕 **点 P の速度（厳密式）**　一般に点 P の速度はその位置ベクトルの時間微分で計算できる。

$$\boldsymbol{v}_P = \overrightarrow{\dot{OP}} = \begin{Bmatrix} \dot{x} \\ 0 \end{Bmatrix} = \begin{Bmatrix} \dot{x} \\ 0 \end{Bmatrix} \qquad (2.11)$$

したがって，$\boldsymbol{v}_P$ を求めるためには，$x = x(t)$ を時間微分すればよい。姿勢計算では θ が独立で ϕ が従属であったが，時間微分ではすべての変数 θ，ϕ 等を時間関数 $\theta(t)$，$\phi(t)$ と考え，方程式はすべての時間 t で等号が成立するものとみなす。したがって，x の式に従属変数 ϕ が含まれていても時間微分にはまったく支障ない。

2.1 スライダクランク機構

$$x = rC_\theta + lC_\phi \tag{2.12}$$

両辺を時間微分し

$$\dot{x} = -r\dot{\theta}S_\theta - l\dot{\phi}S_\phi \tag{2.13}$$

ここで，独立に与えることのできる変数は $\theta, \dot{\theta}$ である。ϕ は式（2.3 b）から求まり，$\dot{\phi}$ は式（2.3 b）をつぎのように時間微分して求まる。まず，式（2.3 b）両辺を l で割ると

$$0 = \lambda S_\theta + S_\phi \tag{2.14}$$

両辺を時間微分し

$$0 = \lambda \dot{\theta} C_\theta + \dot{\phi} C_\phi \tag{2.15}$$

したがって

$$\dot{\phi} = -\frac{C_\theta}{C_\phi} \lambda \dot{\theta} \tag{2.16}$$

式（2.16）より，$\dot{\phi}$ は $(\theta, \dot{\theta}, \phi)$ を与えると決まってしまう。また，同じ姿勢ならば (θ, ϕ) が同じだから，$\dot{\phi}$ は $\dot{\theta}$ に比例することがわかる。式（2.13）に $\dot{\phi}$ の式を代入して $\dot{\phi}$ を消去すると

$$\dot{x} = -r\dot{\theta}S_\theta - lS_\phi\left(-\frac{C_\theta}{C_\phi}\lambda\dot{\theta}\right) = r\dot{\theta}\left(\frac{-S_\theta C_\phi + S_\phi C_\theta}{C_\phi}\right) = r\dot{\theta}\frac{S_{\phi-\theta}}{C_\phi} \tag{2.17}$$

式（2.17）より，点 P の速度 $\dot{x}$ はクランクの角速度 $\dot{\theta}$ に比例し，比例定数は (r, θ, ϕ) の分数式であることがわかる。また，クランクが一定角速度で回転するときの $\dot{x}$ の最大最小を求めてみる。式（2.17）の分数部分を時間 t で微分してみると

$$\frac{d}{dt}\left(\frac{S_{\phi-\theta}}{C_\phi}\right) = \frac{C_{\phi-\theta}(\dot{\phi}-\dot{\theta})C_\phi - S_{\phi-\theta}\dot{\phi}(-S_\phi)}{C_\phi^2}$$

$$= \frac{C_{\phi-\theta}C_\phi + S_{\phi-\theta}S_\phi}{C_\phi^2}\dot{\phi} - \frac{C_{\phi-\theta}C_\phi}{C_\phi^2}\dot{\theta}$$

$$= \frac{C_\theta}{C_\phi^2}\dot{\phi} - \frac{C_{\phi-\theta}}{C_\phi}\dot{\theta}$$

$$= \frac{C_\theta}{C_\phi^2}\left(-\frac{C_\theta}{C_\phi}\lambda\dot{\theta}\right) - \frac{C_{\phi-\theta}}{C_\phi}\dot{\theta}$$

$$= -\frac{\dot{\theta}}{C_\phi}\left(C_{\phi-\theta}+\lambda\frac{C_\theta^2}{C_\phi^2}\right) \tag{2.18}$$

したがって

$$C_{\phi-\theta}+\lambda\frac{C_\theta^2}{C_\phi^2}=0$$

したがって

$$C_{\phi-\theta}C_\phi^2+\lambda C_\theta^2=0 \tag{2.19}$$

を満たす (θ, ϕ) で極値をとる。

〔3〕 **点 P の速度(近似式)**　式 (2.19) は速度の厳密式の極値を与えるが,この方程式を解析的に解くのは大変である。そこで,つぎのように点 P の位置 x の近似式を用いて速度の近似式を求め,速度の極値を求めてみよう。

位置 x の近似式を時間で微分すると

$$\dot{x} \cong r\left(-S_\theta\dot{\theta}-\frac{\lambda}{4}S_{2\theta}\cdot 2\dot{\theta}\right) = -r\dot{\theta}\left(S_\theta+\frac{\lambda}{2}S_{2\theta}\right) \tag{2.20}$$

したがって,厳密式と同様に,点 P の速度 $\dot{x}$ はクランクの角速度 $\dot{\theta}$ に比例し,比例定数は (r, θ) の式であることがわかる。クランクが一定角速度で回転するときの $\dot{x}$ の最大最小を求めるために,式 (2.20) のかっこの中を θ で微分して極値を求める。

$$\frac{d}{d\theta}\left(S_\theta+\frac{\lambda}{2}S_{2\theta}\right)=C_\theta+\lambda C_{2\theta}=0$$

したがって

$$2\lambda C_\theta^2+C_\theta-\lambda=0 \tag{2.21}$$

ここで, $C_{2\theta}=2C_\theta^2-1$ を用いて C_θ の2次方程式に変形した。$|C_\theta|\leq 1$ の解を採用すると

$$C_\theta=\frac{-1+\sqrt{1+8\lambda^2}}{4\lambda}=\frac{2\lambda}{\sqrt{1+8\lambda^2}+1} \tag{2.22}$$

となる。ここで分子が近接する2値の差なので**桁落ち**(有効桁が劇的に低下する現象)を避けるために,わざと分子を有理化している。

2.1 スライダクランク機構

〔**4**〕 **点 P の加速度（厳密式）** 一般に点 P の加速度はその速度ベクトルの時間微分で計算できる。

$$\boldsymbol{a}_p = \dot{\boldsymbol{v}}_p = \ddot{\overrightarrow{OP}} = \begin{Bmatrix} \ddot{x} \\ 0 \end{Bmatrix} = \begin{Bmatrix} \ddot{x} \\ 0 \end{Bmatrix} \tag{2.23}$$

したがって、$\boldsymbol{a}_p$ を求めるためには $x=x(t)$ を2回，時間微分すればよい。

$$\ddot{x} = \dot{v}_x = \frac{d}{dt}\left(r\dot{\theta}\frac{S_{\phi-\theta}}{C_\phi}\right)$$

$$= r\ddot{\theta}\frac{S_{\phi-\theta}}{C_\phi} + r\dot{\theta}\frac{C_{\phi-\theta}(\dot{\phi}-\dot{\theta})C_\phi - S_{\phi-\theta}(-S_\phi)\dot{\phi}}{C_\phi^2}$$

$$= r\ddot{\theta}\frac{S_{\phi-\theta}}{C_\phi} + r\dot{\theta}\left(\dot{\phi}\frac{C_\theta}{C_\phi^2} - \dot{\theta}\frac{C_{\phi-\theta}}{C_\phi}\right)$$

$$= r\ddot{\theta}\frac{S_{\phi-\theta}}{C_\phi} - r\dot{\theta}^2\left(\lambda\frac{C_\theta^2}{C_\phi^3} + \frac{C_{\phi-\theta}}{C_\phi}\right) \tag{2.24}$$

特にクランクが角速度一定で回っている場合には，$\ddot{\theta}=0$ であるから

$$\ddot{x} = -r\dot{\theta}^2\left(\lambda\frac{C_\theta^2}{C_\phi^3} + \frac{C_{\phi-\theta}}{C_\phi}\right) \tag{2.25}$$

となる。

〔**5**〕 **思案点と死点** 図 **2.3** のようにスライダ上の点 P を微小変位させたとき，クランク上の点12は2通りの姿勢をとれる。このようなときのリンク機構全体の位置姿勢を**思案点**（change point）という。

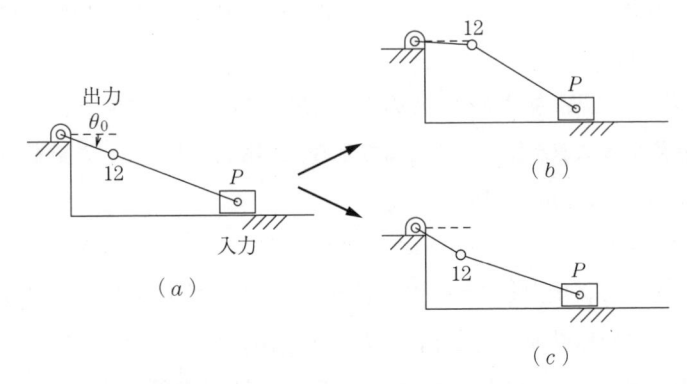

図 **2.3** スライダクランク機構の思案点

エンジンのようにスライダを原動節とした機構では，思案点 P において従動節が 2 通りの姿勢をとれてしまうので，どちらか一方の姿勢になるような仕掛けが別途，必要である．このように原動節が従動節を動かせられないときのリンク機構全体の位置姿勢を**死点**（dead point）という．

なお，思案点と死点は必ずしも一致しないことに注意が必要である．

実際，エアコンプレッサのようにクランクを原動節にすると，つねに従動節であるスライダを動かせるので，図の位置姿勢は死点ではなく，思案点になる．一方，図 2.4 のような平行リンク機構で 4 個の回転対偶が一直線上にある位置姿勢は思案点ではないが，トルクの腕の長さが 0 になるから，原動節から従動節への伝達トルクは 0 になってしまい，死点である．

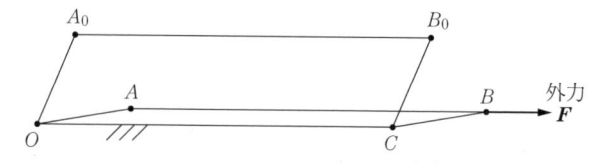

図 2.4　平行リンク機構の死点

死点では従動節を動かせなくなるので，動力伝達が途切れないようにつぎのような工夫が必要である．

- はずみ車（flywheel）を従動節に付ける．
- 複数の気筒を有するエンジンのように，死点のときに別の原動節が従動節を動かす．

思案点は，一見，避けるべき点のように思えるかもしれないが，思案点付近を**倍力装置**や**増減速装置**として応用できる．思案点付近を用いた機構を**トグル機構**（toggle mechanism）という．

入出力リンクの位置の関数関係で思案点を考えてみよう．いま，入力をクランク角度 θ とし，出力をスライダ位置 x とすると，思案点 P で x が最大になる．スライダを原動節とすると，入力が x で出力が θ だから，ちょうど θ が x の 2 価関数になってしまう．したがって，一般に従動節の位置が極値をとる位置姿勢が思案点になる．

図 2.5 の思案点 A 付近での位置増分は，$\theta=\theta_0$ まわりで $x=x(\theta)$ にテイラー展開を用いて

$$\Delta x = x - x_0 = \frac{dx}{d\theta}\Delta\theta + (\Delta\theta \text{ の 2 次以上}) \qquad (2.26)$$

であるから，傾き $dx/d\theta$ がほぼ 0 ゆえ，$\Delta x \ll \Delta\theta$ となる．入力が x で出力が θ のときには，増速装置になり，入出力を逆にすると減速装置になる．

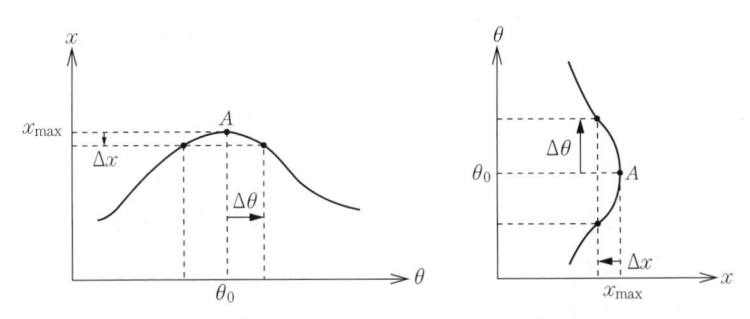

図 2.5　思案点付近の (x,θ) の関係

また，入力をクランクの (θ,τ) とし，出力をスライダの (x,f) とすると
「(モータ等が) クランクに入力した仕事＝スライダが外にする仕事」
であるから

$$\tau \cdot \Delta\theta = f \cdot \Delta x$$

したがって

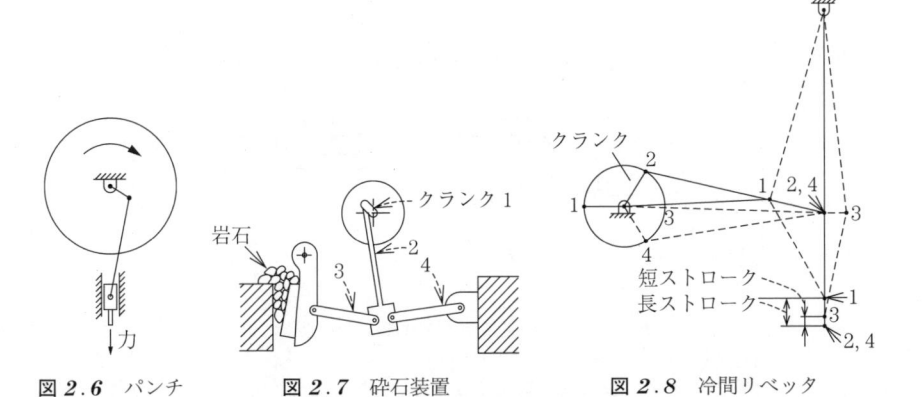

図 2.6　パンチプレス

図 2.7　砕石装置

図 2.8　冷間リベッタ

38　　2. リンク機構

$$f = \tau \frac{d\theta}{dx} \qquad (2.27)$$

ここで $\theta = \theta(x)$ は思案点で無限大に立ち上がるから，f は非常に大きくなり，倍力装置に応用できる。

トグル機構を倍力装置として利用した例としては，図 2.6〜2.8 のようにパンチプレス（punch press），砕石装置（stone crusher），冷間リベッタ（cold ribetter）等がある。

2.2　節の交替

同じ機構でも固定リンクを替えると別の運動を生成できる。固定リンクを替えることを**節の交替**（inversion of chain）という。例として往復スライダクランク機構を考えてみると，以下のようにスライダの運動によって，往復，揺動，回り，固定に分類できる。

〔1〕　**往復スライダクランク機構**　　図 2.9 (a) に示す往復スライダク

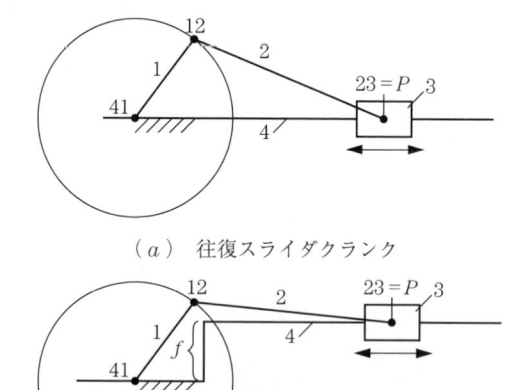

（a）往復スライダクランク

（b）かたより往復スライダクランク（かたより f （＝オフセット）あり）

図 2.9　往復スライダクランク機構

ランク機構ではガイド4を固定リンクにしている。**図2.9**(b)のようにかたより（オフセット，offset）があるものもある。内燃機関でかたよりを用いると連結棒2と案内4の角度は小さくなり，連結棒への圧縮力の側面方向の分力を小さくできる。

〔**2**〕 **揺動スライダクランク機構**　　往復スライダクランク機構の連結棒2を固定すると**図2.10**(a)のようにガイド4が点23まわりに左右に揺動しながら，スライダ3がガイド上を直動する揺動スライダクランク機構になる。図でクランク1が点12まわりに1回転できるためには$l_1 \leq l_2$が必要である。

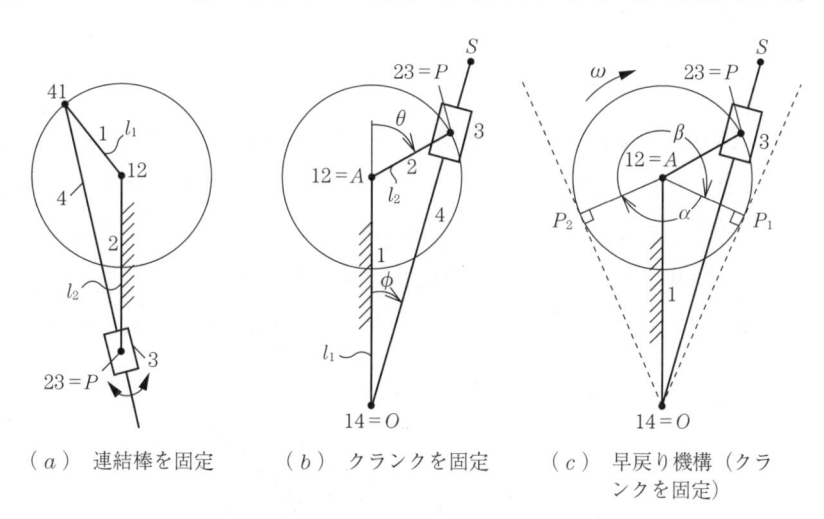

(a) 連結棒を固定　　　(b) クランクを固定　　　(c) 早戻り機構（クランクを固定）

図**2.10**　揺動スライダクランク機構

また，**図2.10**(b)のようにクランク1を固定し，$l_1 \geq l_2$とすると，スライダは点14まわりを揺動するので，これも揺動スライダクランク機構である。連結棒2が一定の角速度で点12まわりに回転するとき，揺動スライダクランク機構は早戻り機構になり，形削り盤（shaper）に応用される。

〔**早戻り比の計算**〕　いま，連結棒2が点12まわりに時計まわりに一定の角速度ωで回転しているとする。連結棒2がαの範囲にあるときには，スライダは左行程にあり，点Sも左行程にある。また，連結棒2がβの範囲にあるときには，スライダと点Sは右行程にある。したがって，角速度ωが一定と

すると

$$(\rho =)\frac{t_{\text{left}}}{t_{\text{right}}}=\frac{\alpha}{\beta}<1$$

したがって

$$t_{\text{left}}=\frac{\alpha}{\beta}t_{\text{right}}<t_{\text{right}} \tag{2.28}$$

となり，左行程のほうが早くなる．ここで，左右行程の時間比を**早戻り比** ρ といい，点 S の行程長 L を**ストローク**（stroke）という．ストローク L を長くするにはクランク長 l_1 を短くするか，連結棒長 l_2 を長くすればよいが，そのとき，**図2.10**（c）の直角三角形 $\triangle OP_1A$，$\triangle OP_2A$ の形も変化し，角度 α も変化するので，早戻り比 ρ も変化してしまう．

〔3〕**回りスライダクランク機構** **図2.11**のように $l_1 \leq l_2$ として，往復スライダクランク機構のクランク1を固定し，案内4を点14まわりに回転すると，スライダが案内上を直動しながら案内とともに点14まわりを回転する．これを回りスライダクランク機構という．**図2.11**の回りスライダクランク機構も早戻り機構であり，ウィットワース（Whitworth）の早戻り機構という．

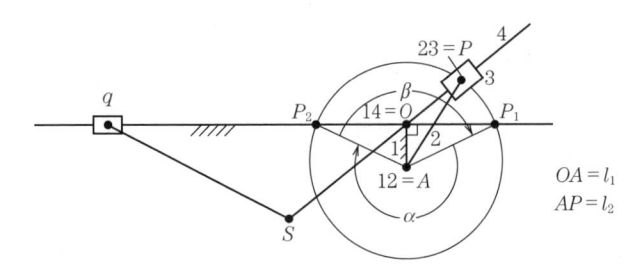

図2.11 回りスライダクランク機構
（ウィットワースの早戻り機構）

点 S のストロークを大きくするためには，$\overline{14, S}$ を大きくすればよい．そのとき，揺動スライダクランク機構とは異なり，直角三角形 $\triangle OP_1A$，$\triangle OP_2A$ の形は変化しないので早戻り比 ρ も変化しない．

〔4〕**固定スライダクランク機構** **図2.12**のように，往復スライダク

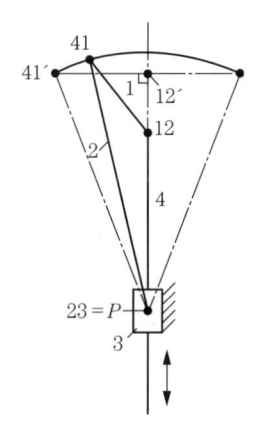

図2.12 固定スライダクランク機構

ランク機構のスライダを固定し,クランク1を点12まわりに回転すると,連結棒2は点23まわりに揺動し,案内4は上下に往復運動する.これを固定スライダクランク機構という.固定スライダクランク機構で,案内4の下端にピストンを付けるとポンプになるが,応用範囲は狭い.

2.3 4節回転リンク機構

図2.13のような四つのリンクが回転対偶で連結される平面リンク機構を4節回転リンク機構という.固定リンクに連結されるリンク2とリンク4は,1回転できるとき,**クランク**(crank)といい,1回転できないとき,「**てこ**」

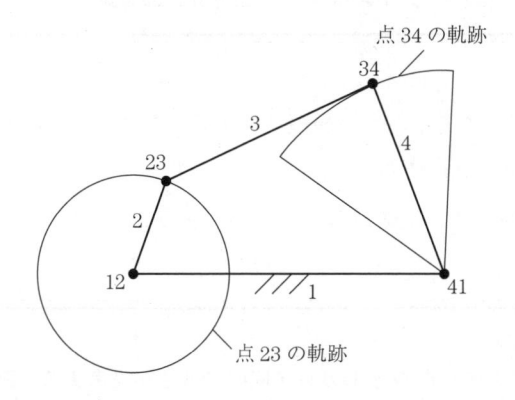

図2.13 4節回転リンク機構

(lever) または**ロッカ**（rocker）という．また，リンク3を**カプラ**（中間節，coupler）という．一方向に連続回転するモータ軸はクランクに直結してよいが，てこに直結してはいけない．

この機構は，直動部分がなく四つのリンクと四つの軸受だけで構成される1自由度の単純なものであり，リンク2とリンク4の運動もおのおの回転対偶12と41まわりの単純な円運動または円弧運動であるが，カプラ上の点Pは種々の複雑な軌道を描くので応用範囲が広い．4節回転リンク機構はリンクがクランクであるか否かにより，クランクてこ，両クランク，両てこ機構に分類される．

定理 2.1（クランク軸の導入）

リンク2が固定リンク1まわりのクランクならば，リンク1は固定リンク2まわりのクランクになる．

証明 リンク2が固定リンク1まわりに1回転できるとは，リンク1からリンク2への一般角∠(1,2)を任意に設定できるということである．リンク2から見ても一般角∠(1,2)を任意に設定できるのだから，リンク2を固定して，リンク1を固定リンク2まわりのクランクにできる． ♠

したがって，クランクを回転対偶の性質と見なせるから，対偶12をクランク軸と呼んでもよいだろう．4節回転リンク機構の最短リンクがクランクになることを保証するために，つぎに示す**グラスホフ（Grashof）の定理**がある．

定理 2.2（グラスホフ）

4節回転リンク機構で最長リンクをlとし，最短リンクをaとする．このとき，つぎに示す性質1と性質2は同値である．

性質1（$a+l\leq$（その他の2リンク長の和））$\iff$ 性質2（aはクランクになる）

証明
（性質1 $\implies$ 性質2） リンクaが点Oまわりに1回転できるかを考える．図

2.3 4節回転リンク機構

2.14のように，かりに点Pの対偶をはずしてみる．リンクaを任意の角度に設定しても，リンクb, cを適当に動かして点P_1を点Pに一致させられれば，リンクaは1回転できるはずである．また，逆も成立する．すなわち，リンクaが1回転できるならば，リンクaを任意の角度に設定しても，リンクb, cを適当に動かして点P_1を点Pに一致させられる．

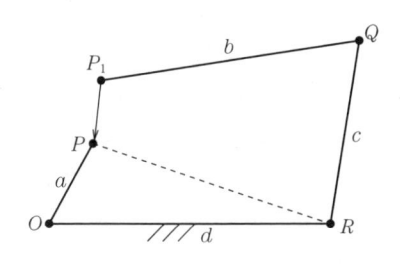

図2.14 点Pの対偶をかりにはずした4節回転リンク機構

そこで，点Pが1回転する途中で$\overline{PR}$が最大または最小になったときに**図2.15**と**図2.16**のような三角形が成立すれば，リンクaはクランクになる．ここで，リンクaが最短であると仮定しているので，$a \leq d$の三角形にしている．

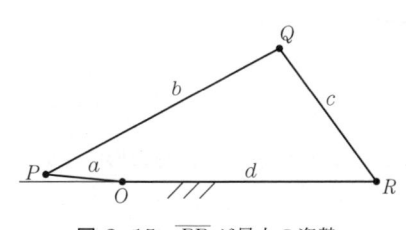

図2.15 $\overline{PR}$が最大の姿勢　　**図2.16** $\overline{PR}$が最小の姿勢

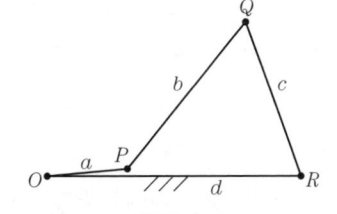

まず，$\overline{PR}$が最大になったときの三角形の成立条件（1辺≤その他の2辺の和）は次式になる．

$$a+d \leq b+c, \quad b \leq a+d+c, \quad c \leq a+d+b \tag{2.29}$$

また，$\overline{PR}$が最小になったときの三角形の成立条件は次式になる．

$$d-a \leq b+c, \quad b \leq d-a+c, \quad c \leq d-a+b \tag{2.30}$$

ここで，$d-a \leq a+d \leq b+c$, $b \leq d-a+c \leq d+a+c$等を用いて従属な不等式を削除すると，結局，独立な不等式は

$$a+d \leq b+c, \quad a+b \leq c+d, \quad a+c \leq b+d \tag{2.31}$$

となる．

仮定$a+l \leq$（その他2本の和）の左辺のlと右辺のどちらでも1項を交換しても不等式は成立するから

$a+l \leq$ （その他2本の和）

$\Rightarrow \{a+b \leq c+d,\ a+c \leq b+d,\ a+d \leq b+c\}$ \hfill (2.32)

となる。したがって，図の三角形は成立するので，リンク a はクランクになる。

（性質1 $\Longleftarrow$ 性質2）　逆に，リンクがクランクとすると式（2.31）が成立する。そのうちの一つの不等式は必ず $a+l \leq$ （その他2本の和）である。　♠

定理 2.3（グラスホフの系1）

最短リンク a の一端 O がクランク軸ならば他端 P もクランク軸になる。

証明　図 2.15 と図 2.16 のリンク b を固定リンクとしてグラスホフの定理の証明を繰り返すと，リンク b とリンク d の役割を交換しただけであるから，点 P がクランク軸になるために必要十分な独立な不等式は式（2.31）において b と d を交換した次式になる。

$a+b \leq d+c,\ a+d \leq c+b,\ a+c \leq d+b$ \hfill (2.33)

これは式（2.31）とまったく同じであるから，点 O がクランク軸ならばグラスホフの定理より式（2.31）が成立し，したがって点 P もクランク軸になる。　♠

定理 2.4（グラスホフの系2）

最短クランクリンク a の対辺リンク c がクランクならば，リンク機構は平行四辺形または凧形である。したがって，リンク機構が平行四辺形でないならば，対辺リンク c の両対偶 $Q,\ R$ はともにクランク軸ではない。

証明　グラスホフの証明同様，かりに点 Q の対偶をはずしてみると，$\overline{OQ}$ が最大，最小になったときの三角形を考える。$\overline{OQ}$ が最大のときの三角形の成立条件は次式になる。

$c+d \leq a+b,\ b \leq a+c+d,\ a \leq b+c+d$ \hfill (2.34)

また，$\overline{OQ}$ が最小のときの三角形の成立条件は次式になる。

$b+c \leq a+d,\ a+c \leq b+d,\ d-c \leq a+b$　（$c \leq d$ の場合） \hfill (2.35)

$b+d \leq a+c,\ a+d \leq b+c,\ c-d \leq a+b$　（$d \leq c$ の場合） \hfill (2.36)

まず，$c \leq d$ の場合，式（2.34），（2.35）で独立な不等式は

$c+a \leq b+d,\ c+b \leq a+d,\ c+d \leq a+b$ \hfill (2.37)

となる。これと式（2.31）よりつぎの式を得る。

$$c+b=d+a, \quad c+d=a+b, \quad c+a \leq b+d \tag{2.38}$$

これを解くと，$a=c$，$b=d$，$a \leq d$ となり，リンク機構は平行四辺形になる。

一方，$d \leq c$ の場合，式（2.34），（2.36）で独立な不等式は

$$a+d \leq b+c, \quad b+d \leq a+c, \quad c+d \leq a+b \tag{2.39}$$

となる。これと式（2.31）より，$a=d$，$b=c$，$a \leq b$ を得るので，リンク機構は凧形になる。 ♠

以上のグラスホフの定理と系を総合すると，4節回転リンク機構においては，クランク軸は最短リンク両端の2個のみか，もしくは凧形の角点3個か，もしくは平行四辺形の場合に限ってクランク軸は対偶4個全部である。

4節回転リンク機構は，**節の交替**によって**クランクてこ，両クランク，両てこ（両カプラ）**になる。

（a）　クランクてこ機構　　図 **2.17** でリンク a がクランクで，リンク c がてこのとき，クランクてこ機構という。グラスホフの定理と系より，平行四辺形でも凧形でもない場合，クランク軸は最短リンク a の両端点 O，P のみであるから，最短リンク a の隣接リンク b か d を固定リンクにすれば，必ずクランクてこ機構になる。

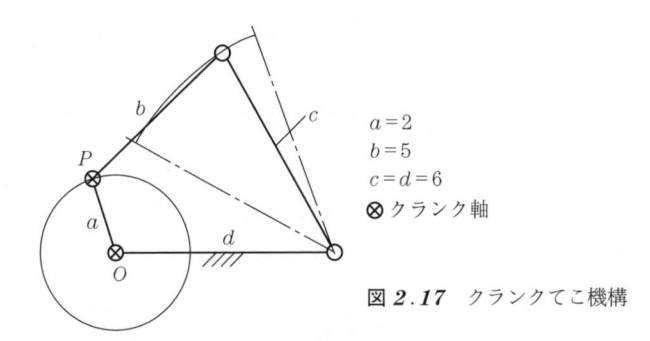

図 **2.17**　クランクてこ機構

$a=2$
$b=5$
$c=d=6$
⊗ クランク軸

（b）　両クランク機構　　図 **2.18** でリンク b とリンク d がともにクランクのとき，両クランク機構という。グラスホフの系より最短リンク a を固定リンクとすればよい。

46   2. リンク機構

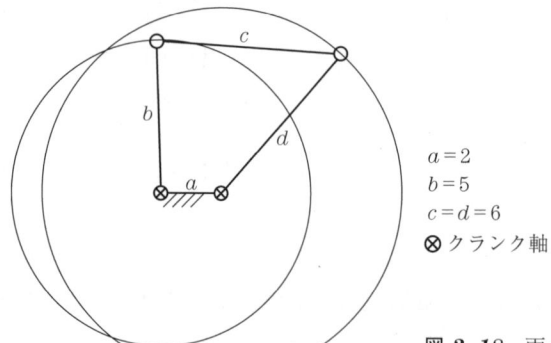

$a=2$
$b=5$
$c=d=6$
⊗ クランク軸

図 **2.18**　両クランク機構

（c）　**両てこ機構**　図 **2.19** でリンク b とリンク d がともにてこのとき，両てこ機構という。グラスホフの系より，最短リンク a の対辺リンク c を固定リンクとし，機構が平行四辺形でも凧形でもないようにすればよい。

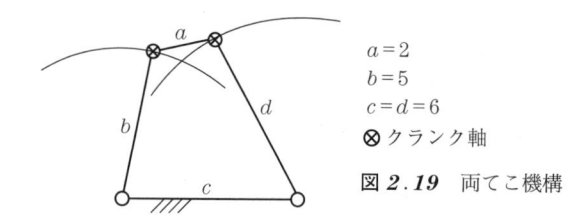

$a=2$
$b=5$
$c=d=6$
⊗ クランク軸

図 **2.19**　両てこ機構

図 **2.20** のような4節回転リンク機構でカプラ上の点 P の軌道を生成するとき

・軌道生成の途中でリンクの一部が周囲の物体と干渉してしまう
・クランク軸が固定リンク上にない

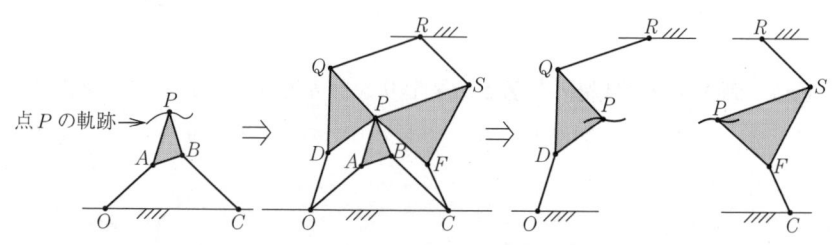

図 **2.20**　ロバート則を用いた4節回転リンク機構の生成

等の理由で，その機構では不都合な場合がある。

そのようなときには，つぎの**ロバート**（**Robert**）**則**を用い，点 P の同一軌道を生成できる別の4節回転リンク機構を二つ作ることができる。

〔**ロバート則**〕 4節回転リンク機構でカプラ上の点の軌道を生成するような別の4節回転リンク機構が二つ存在する。

つぎの手順で別の4節回転リンク機構を作る。

（1） OA，AP を2辺とする平行四辺形と，OB，BP を2辺とする平行四辺形を作図する。

（2） 底辺を DP，PF とし，$\triangle ABP$ に相似な三角形 $\triangle DPQ$，$\triangle PFS$ を作図する。

（3） QP，PS を2辺とする平行四辺形を作図する。

この手順で作られる二つの4節回転リンク機構（$ODQR$ とカプラ上の $\triangle DQP$，$CFSR$ とカプラ上の $\triangle FSP$）のどちらも点 P の同一軌道を生成する。

また，もとのリンク機構 $OABC$ を別の姿勢にしても，上記手順で作られる点 R は固定している。実際，一つの姿勢（$OABC$ と $\triangle ABP$）において上記手順で得られる点 R と別の姿勢（$OA'B'C'$ と $\triangle A'B'P'$）を用い，（3）（2）（1）の順に作図することができるから，別の姿勢（$OA'B'C'$ と $\triangle A'B'P'$）に上記手順を（1）（2）（3）の順に適用しても同一点 R が得られるはずである。

〔**チェビシェフ機構へのロバート則の適用**〕 4辺の長さが $a=c=5$，$b=2$，$d=4$ でリンク d を固定した4節回転リンク機構をチェビシェフ機構という。グラスホフの定理から明らかなように，この機構は両てこ機構であり，クランク軸はリンク b 両端点 A，B である。チェビシェフ機構では，リンク b 中点 P は図のように下半分が近似直線で上半分が凸レンズ状の軌跡を描く。

クランク軸にモータ軸を直結すると，機構の姿勢によってモータ本体がリンク b とともに揺動しなければならず，モータ負荷が変動してしまうので，好ましくない。そこで，**図 2.21** のようにロバート則を適用して別の4節回転リンク機構を作ると，点 O から紙面に垂直に出るクランク軸を固定リンク上

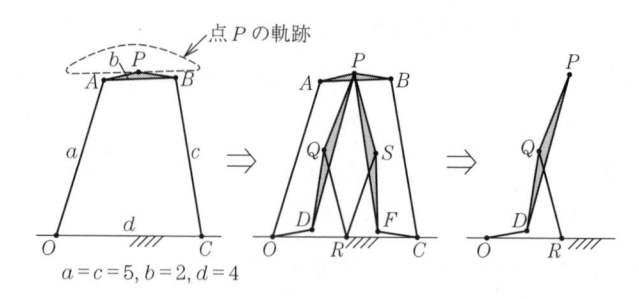

図 2.21 チェビシェフ機構へのロバート則の適用

に設定できる。

2.4 平行リンク機構

図 2.22 のように平行四辺形を含むリンク機構を**平行リンク機構**（pantograph mechanism）という。四辺形 $ABCD$ が平行四辺形をなし，リンク 3，4 を

$$\triangle CDF \backsim \triangle EBC$$

となるような三角形リンクとすると，以下の性質がある。

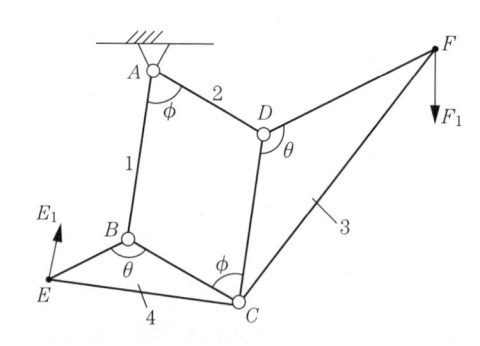

図 2.22 平行リンク機構

〔平行リンク機構の性質〕

（1） $\triangle EAF$ も $\triangle CDF$ および $\triangle EBC$ と相似になる。

（2） 点 A を回転対偶で地面に連結して，点 E を EE_1 だけ（微小または有限）変位させたとき，点 F が FF_1 だけ変位したとすると，次式が成立する。

$$\frac{FF_1}{EE_1} = \frac{AF}{AE} \ (=定数\ R), \ \angle(EE_1, FF_1) = \theta \ (反時計方向に)$$

$$(2.40)$$

（3）点 E を回転対偶で地面に連結して，点 A を AA_1 だけ（微小または有限）変位させたとき，点 F が FF_1 だけ変位したとすると，次式が成立する．

$$\frac{FF_1}{AA_1} = (1 + R^2 - 2RC_\theta)^{\frac{1}{2}} \qquad (2.41)$$

$$\angle(AA_1, FF_1) = \psi = \tan^{-1}\left(\frac{RS_\theta}{1 - RC_\theta}\right) \ (時計方向に) \qquad (2.42)$$

性質（2），（3）を用いると，点 A または点 E を回転対偶で地面に固定して，点 E または点 A に，例えば油圧シリンダで直動変位を入力した場合，入力方向とは一定角度だけ回転した方向に一定倍率で拡大または縮小した変位を点 F から出力することができる．

もっと一般に，点 E または点 A に任意の軌跡を入力すると，それと相似な軌跡を点 F から出力することもできる．

2.5 直線運動機構

リンク上の1点を直線運動させる機構を**直線運動機構**という．そのうち，厳密な直線を描くものを**厳密直線運動機構**といい，スコットラッセル（Scott-Russell）機構，ポースリエ（Peaucellier）機構，ハート（Hart）機構などがある．また，近似直線を描くものを**近似直線運動機構**といい，チェビシェフ（Chebyshev）機構などがある．

厳密直線運動機構は，数式上では厳密な直線を描くが，実際に製作しようとすると加工誤差や組立誤差等で厳密な直線を描くことは不可能である．また，リンク数や回転対偶の数が多い複雑な機構が多い．一方，近似直線運動機構は，4節回転リンクのリンク長をうまく設定して，リンク上のある点が近似直線を描く部分を取り出したものが多い．

定理 2.5 （反転機構）

図 2.23 のように $AC \cdot AF = c$ （一定）となる機構を反転機構という。図で点 A は原点 O とする。反転機構の例を図 2.24, 2.25 に示す。反転機構にはつぎの性質がある。

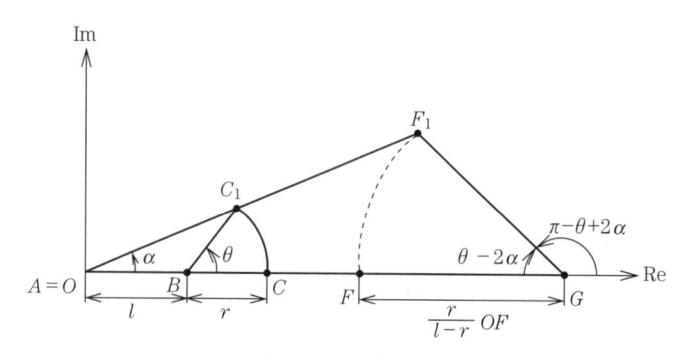

図 2.23 反転機構

性質：反転機構は**円円対応**である。すなわち点 C が図の点 B を中心とする円を描くと，点 F も点 G を中心とする円を描く。特に，点 C が点 A を通る円を描くと，点 C が点 A に来たとき $AC=0$ ゆえ $AF=\infty$ となり，点 F は AF に垂直な直線上の無限遠点になる。

証明 複素数を用いた簡単な計算で示すために図 2.23 のような複素平面を導入する。$OC_1 \cdot OF_1 = OC \cdot OF = c$ （一定）より

$$C_1^* \cdot F_1 = C \cdot F \tag{2.43}$$

ここで，C_1^* は C_1 の複素共役を表す。点 C_1 を，点 B を中心として点 C を θ だけ回転させた点とする。

$$C = l+r, \quad C_1 = l + re^{i\theta} \tag{2.44}$$

点 G を図の位置とすると，この点が点 F の回転中心であることを示そう。図より

$$G = F + \frac{r}{l-r}F = \frac{l}{l-r}F \tag{2.45}$$

式 (2.43) を F_1 について解くと

$$F_1 = \frac{C \cdot F}{C_1^*} = \frac{l+r}{l+re^{-i\theta}}F \tag{2.46}$$

2.5 直線運動機構　　51

$|F_1-G|^2$ が $|F-G|^2$ と等しくなることを示せばよい．$|F_1-G|^2=(F_1-G)\cdot(F_1-G)^*$ よりおのおのを計算してみる．

$$\begin{aligned}F_1-G&=\frac{l+r}{l+re^{-i\theta}}F-\frac{l}{l-r}F\\&=\frac{(l^2-r^2)-l(l+re^{-i\theta})}{(l+re^{-i\theta})(l-r)}F\\&=\frac{-e^{-i\theta}(l+re^{i\theta})}{l+re^{-i\theta}}\cdot\frac{r}{l-r}F\end{aligned}\qquad(2.47)$$

その複素共役は

$$(F_1-G)^*=\frac{-e^{i\theta}(l+re^{-i\theta})}{l+re^{i\theta}}\cdot\frac{r}{l-r}F\qquad(2.48)$$

したがって

$$|F_1-G|^2=(F_1-G)\cdot(F_1-G)^*=\frac{r^2}{(l-r)^2}F^2=(\text{一定})\qquad(2.49)$$

ついでに

$$\begin{aligned}\angle(F_1-G)&=\angle\left(\frac{-e^{-i\theta}(l+re^{i\theta})}{l+re^{-i\theta}}\cdot\frac{r}{l-r}F\right)\\&=\angle(-1)+\angle e^{-i\theta}+\angle(l+re^{i\theta})-\angle(l+re^{-i\theta})\\&=\pi-\theta+\alpha-(-\alpha)=\pi-\theta+2\alpha\end{aligned}\qquad(2.50)$$

となるので，$\angle F_1GF=\theta-2\alpha$ である．

〔**初等幾何を用いた円直線対応の証明**〕　点 C が点 O を通る円 K 上を動くと，点 F が OF に垂直な直線 l 上を動くことを幾何的に示そう．

まず，$\triangle OCC_1$ と $\triangle OF_1F$ が相似である（なぜならば，$\angle COC_1=\angle F_1OF$ であり，また，$OC\cdot OF=OC_1\cdot OF_1$ より $OC:OC_1=OF_1:OF$．したがって，2辺の比とその挟角が相等しいから）．図で $\angle OC_1C$ は直径 OC を見込む円周角であるから，$\angle OC_1C=90°$．したがって，$\angle OFF_1=\angle OC_1C=90°$ となり，FF_1 は必ず OF に垂直になる．　　　♠

〔**1**〕　**ポースリエ（Peaucellier）機構**　　図 **2.24** のように一辺の長さが b の平行四辺形の上下頂点を長さ a のリンクで点 O と連結した機構をポースリエ機構という．a と b の大小により図のように2個のケースがある．

ポースリエ機構は $OP\cdot OQ=$ 一定の反転機構であるから，点 p を直径 OP 円周上を動かすと点 Q は OQ の垂線上を動く．

〔**2**〕　**ハート（Hart）機構**　　図 **2.25** のような，2組の対辺がおのおの等しい長さ s, l（$s\leq l$）を有する4節回転リンク機構を考える．これは左図

52   2. リンク機構

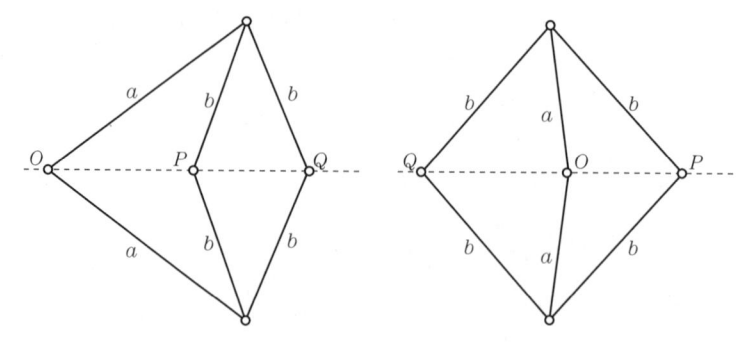

図 2.24　ポースリエ機構

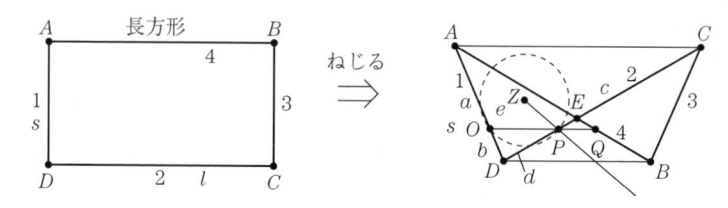

図 2.25　ハート機構

の長方形を変形したものとみなせる。

（最短リンク長＋最長リンク長≦残りの2リンク長の和）であるから，グラスホフの定理より，最短リンクはクランクである。さらに，平行四辺形であるから，四つの回転対偶すべてがクランク軸である。

リンク1上に任意の点Oを取り，点Oから線分ACに平行に引いた直線Lとリンク2，4との交点をおのおの点P，Qとする。このような機構をハート機構という。

例題 2.1　$OP=p$，$OQ=q$とすると，以下に示すように$p \cdot q =$一定であるので，ハート機構は反転機構である。これを証明せよ。

【解答】　まず，$AC /\!/ DB$である（なぜならば，$AD=CB$，$AB=CD$，DB共通より$\triangle ADB \equiv \triangle CBD$であるので，$AB$と$CD$の交点を$E$とすると，$\angle EDB = \angle EBD$。したがって，$\triangle EDB$は二等辺三角形である。同様に$\triangle ECA$も二等辺三角形である。この二つの二等辺三角形は頂角が等しいので，底角$\angle CDB = \angle DCA$となり，したがって，錯角が等しくなる）。

2.5 直線運動機構

図 2.25 において，$AO=a$，$OD=b$，$CP=c$，$PD=d$，$AD=s$，$AB=l$ とおくと，三つの線分 AC，OQ，DB が平行より

$$(p:AC=b:s,\ q:DB=a:s) \Rightarrow (sp=b \cdot AC,\ sq=a \cdot DB) \quad (2.51)$$

したがって

$$pq=\left(\frac{ab}{s^2}\right)AC \cdot DB \quad (2.52)$$

一般に $AD=CB$，$AB=CD$ の場合，$AC \cdot DB = l^2 - s^2$ が成立するので

$$pq=\left(\frac{ab}{s^2}\right)(l^2-s^2)=\frac{ab}{s^2}l^2-ab \quad (2.53)$$

さらに右辺第 1 項については

$$c=\frac{a}{s}l,\ d=\frac{b}{s}l \Rightarrow cd=\frac{ab}{s^2}l^2 \quad (2.54)$$

であるから

$$pq=cd-ab=\text{一定} \quad (2.55)$$

となる．したがって，反転機構の性質より，点 Q は，点 P を中心 Z で点 O を通る円弧上を動かすとき，OZ に垂直に動く． ◇

〔3〕 **スコットラッセル (Scott-Russel) 機構** 図 2.26 のようなスライドクランク機構で点 A，C，O が点 B を中心とする半径 r の円上にあるものをスコットラッセル機構という．スライダを左右にスライドさせると点 A は点 O を通る垂線上を厳密に直線運動する（なぜならば，$\angle AOC$ は直径 AC を見込む円周角であるから

$$\angle AOC=\frac{1}{2}\angle ABC=\frac{\pi}{2} \quad (2.56)$$

したがって，点 A はつねに点 O を通る垂線上にあるから）．

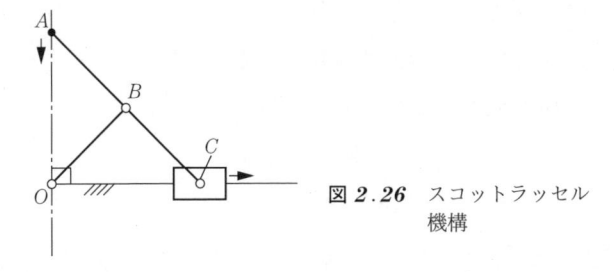

図 2.26 スコットラッセル機構

〔4〕 **スコットラッセルの近似直線機構** $AB=OB=CB=r$ のときには点 A は厳正直線運動するが，もっと緩い条件「$CB=k \cdot OB$ かつ $AB=$

$k \cdot CB$,（$k \geq 0$ は任意）」のときには点 A は点 O 付近で曲率 $\kappa = 0$ で近似直線運動する。特に $k=1$ の場合にはすべての範囲で点 A は厳正直線運動する。

〔5〕 **チェビシェフ機構**　図 2.27 のようなリンク長を有する4節回転リンク機構をチェビシェフ機構という。チェビシェフ機構では点 P が近似直線運動する。

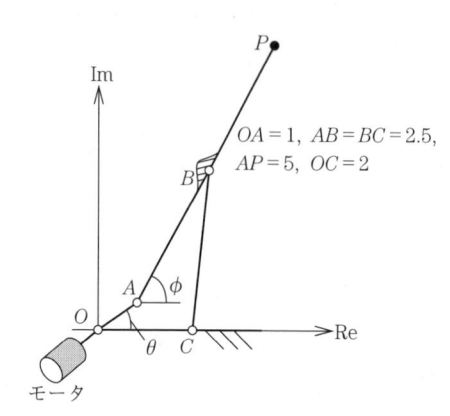

図 2.27　チェビシェフ機構

$OA = 1$, $AB = BC = 2.5$,
$AP = 5$, $OC = 2$

図のように複素平面内にチェビシェフ機構を定義し，クランク角度 θ に対する点 P の位置を導出してみよう。

まず，複素平面内で $\overrightarrow{OA} = e^{i\theta}$, $\overrightarrow{AB} = le^{i\phi}$（$l=2.5$）とおく。次式の閉リンク条件より，$\phi$ は θ の関数になる。

$$|\overrightarrow{BC}|^2 = BC \cdot BC^* \ (=l^2)$$

ここで

$$\overrightarrow{BC} = \overrightarrow{OC} - \overrightarrow{OB} = 2 - (e^{i\theta} + le^{i\phi}) \tag{2.57}$$

$le^{i\phi} = w$ とおいて閉リンク条件を簡単にしてみると

$$l^2 = BC \cdot BC^* = \{2 - (e^{i\theta} + w)\}\{2 - (e^{-i\theta} + w^*)\}$$
$$= \{w + (e^{i\theta} - 2)\}\{w^* + (e^{-i\theta} - 2)\}$$
$$= (w + \alpha)(w^* + \alpha^*)$$

ここで，$\alpha = e^{i\theta} - 2$ とおいた。

$$l^2 = |w|^2 + \alpha w^* + \alpha^* w + |\alpha|^2 \tag{2.58}$$

$|w| = l$ と $w^* = |w|^2/w$ を代入すると

$$l^2 = l^2 + |\alpha|^2 + \alpha^* w + \frac{\alpha l^2}{w} \tag{2.59}$$

したがって，上式の分母を払うと次式のような w の 2 次方程式を得る。ただし，係数は複素数である。

$$\alpha^* w^2 + |\alpha|^2 w + \alpha l^2 = 0 \tag{2.60}$$

解の公式より

$$w = \frac{-|\alpha|^2 \pm \sqrt{|\alpha|^4 - 4\alpha^* \alpha l^2}}{2\alpha^*} = -\frac{\alpha}{2} \pm i\frac{\alpha}{2}\sqrt{\left(\frac{2l}{|\alpha|}\right)^2 - 1} \tag{2.61}$$

二つの解のうち，正のほうをとると $\mathrm{Im}(P) < 0$ になるので捨て，負のほうのみをとる。

$$w = -\frac{\alpha}{2} - i\frac{\alpha}{2}\sqrt{\left(\frac{2l}{|\alpha|}\right)^2 - 1} \tag{2.62}$$

結局，点 $P = e^{i\theta} + 2w$ の位置は複雑になってしまうので，式からは点 P の位置がどのように変化するのかを調べるのは煩雑であるが，Gnuplot や Mathematica 等でグラフを描くと，軌跡下半分がほぼ水平になることがわかる。

演 習 問 題

【1】 問図 **2.1** の早戻り機構において，クランク 4 が時計回りに $\dot{\theta} = 180\,\mathrm{rpm}$ で回転している。以下の各問に答えよ。ただし，$l_1 = 275\,\mathrm{mm}$，$l_4 = 175\,\mathrm{mm}$ とする。

　　（1）θ と ϕ の関係式を導け。つぎに $\dot{\phi}$ を θ, $\dot{\theta}$, ϕ で表せ。

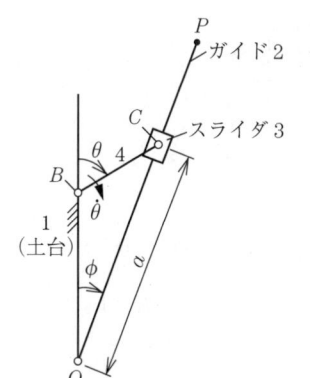

$OB = l_1$
$BC = l_4$

問図 2.1 早戻り機構（揺動スライダクランク機構）

(2) 点 C のガイド上での位置 a を θ で表せ。つぎに点 C のスライド速度 $\dot{a}$ を $a, \theta, \dot{\theta}$ で表せ。

(3) $\phi = 30°$ のときの $\theta, \dot{\phi}, a, \dot{a}$ を計算せよ。

(4) ϕ の最大値 ϕ_{max} を計算せよ。つぎに早戻り比 ρ を計算せよ。

【2】 問図 2.2 と問図 2.3 は飛行機主翼後縁の**ファウラフラップ**（Fowler flap）の機構図である。4節回転リンク機構はどこに用いられているか。また、厚紙や OHP シートなどで適当な寸法のモデルを製作し、その運動を理解せよ。

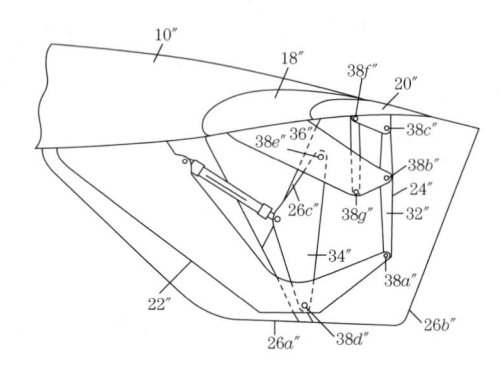

問図 2.2 ファウラフラップ機構

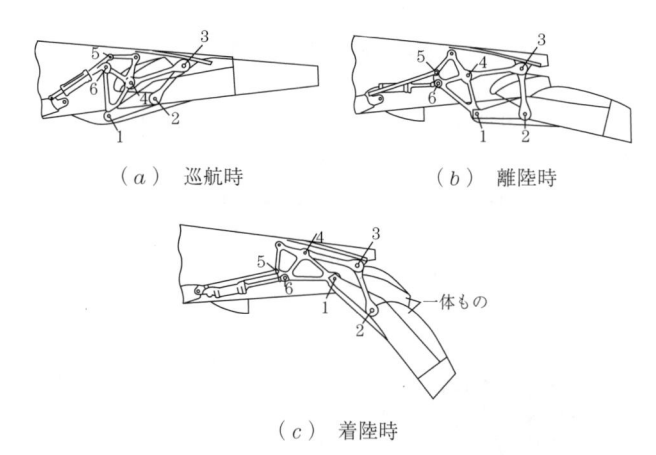

問図 2.3 ファウラフラップ機構の動き（DC-8）

【3】 2.4 節の平行リンク機構の性質 (1)〜(3) を証明せよ。

3

カ ム 機 構

　幼児が手押し車で遊んでいる姿をたびたび見かける。手押し車のからくりをよく見てみると，木製のカムシャフトが車軸と一体になっており，カムの回転に伴い鳩の形をした木製の板が上下に動くようになっている。鳩が頭を振りながら歩くように見える動作である。鳩の頭が自然な動きに見えるのはカムの輪郭形状に工夫があるからである。カム機構は，家電製品のスイッチ類，自動車の吸排気弁の開閉動作など身の回りの機械やおもちゃに多く用いられている。また，工場では産業機械の動作機構，製品や部品の自動仕分け装置，自動梱包装置，搬送装置といった生産工程のいたるところで広く用いられている。その理由の一つには，従動節の変位，速度，加速度の設定範囲がほかの機構に比べて広いことが挙げられる。本章では，カム機構の種類，特徴を述べ，従動節の変位，速度，加速度を規定するカム曲線について解説する。

3.1 カム機構とは

　機械は，ある一定の周期的運動を繰り返すものが多い。例えば，自動車に一般に用いられているガソリン機関では，ピストンの往復周期運動に連動してガソリンと空気の混合ガスを周期的に吸気し，また周期的に排気している。そのような動きを実現するためにカム機構やリンク機構が一般に用いられている。ガソリン機関の例を図 *3.1* に示した。ガソリン機関では，吸気弁と排気弁の周期的な開閉をカムの利用により実現している。このように，線接触や点接触による高次対偶の相対運動が，ある機構の主要部を形成している機構をカム機構という。カム機構には，図 *3.2* に示すようにさまざまな形状があり，それ

58　3. カ ム 機 構

図 3.1 ガソリン機関の例

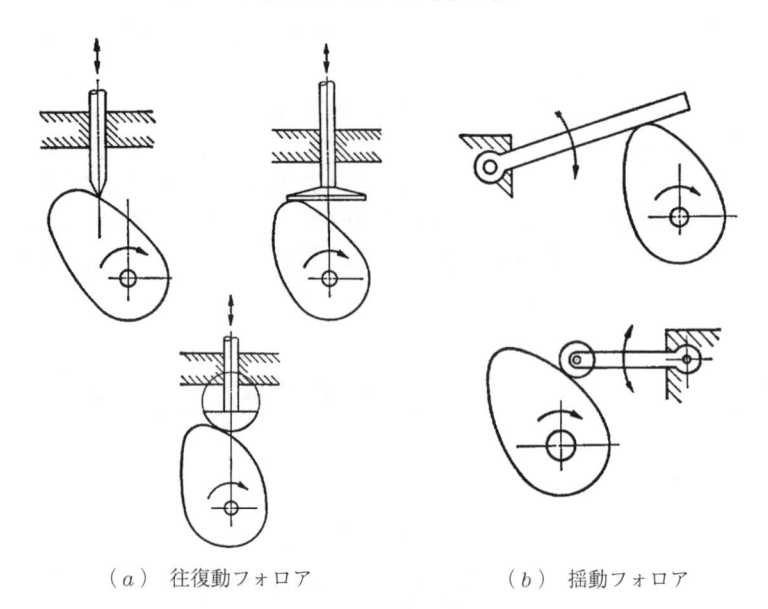

(a) 往復動フォロア　　　(b) 揺動フォロア

図 3.2 カム機構の形状

それ目的に応じて利用されている。

　図 3.3 に任意の輪郭曲線を有するカム機構の一例を示した。a をカム（原動節），b を従動節という。軸 c を中心に a を回転させると，b は d を介して上下に往復運動をする。このとき，a が回転する限り，b も a の回転数に同期

3.1 カム機構とは

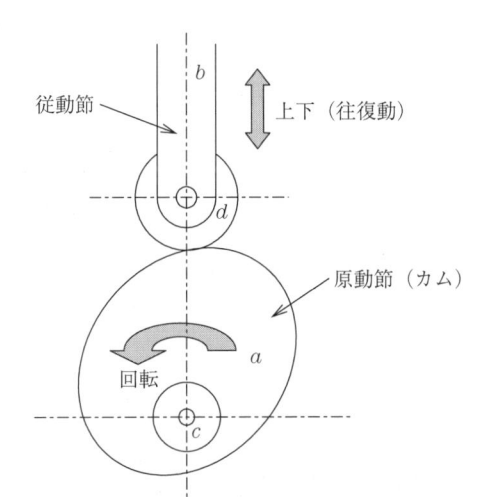

図 3.3 輪郭曲線を有するカム機構の例

した周期運動を繰り返す。カム機構は単純な動きから複雑な動きまで周期的な動きを実現できるので,量産現場では広く用いられている。カム機構に必要なリンクの最小数は3で,すべての対偶が低次対偶である機構に必要なリンクの最小数が4であるので,部品点数が少なくてすむことがカム機構の長所である。また,カム機構は,その中に使われている多くの自由度を有する高次対偶により,例えば平面運動機構において自由度2,点接触による高次対偶の空間運動機構においては自由度5というように,リンク機構に比較して設計の自由度が広い。ただし,摩耗や確動性に関しては低次対偶のみの機構に比べて一般に不利である。

例題 3.1 節の総和が3,自由度が1の対偶が2,自由度が5の対偶が1の立体カムAの自由度を求めよ。また,節の総和が3,自由度が1の対偶が2,自由度が2の対偶が1の立体カムの自由度を求めよ。

【解答】 空間に存在する物体の自由度は6である。これが一つの面に限定されると,その物体の自由度は5となる。さらに一つの線に限定されると自由度は4となり,一つの点に限定されると自由度は3になる。一般に空間の自由度 F は,以下のように表すことができる。

$$F = 6(E-1) - \sum_{f=1}^{5}(6-f)P_f$$

ここで，E は節の数，f は自由度，P_f は自由度 f なる対偶の数である。

よって，立体カム A の自由度は

$$F = 6(3-1) - (6-1) \times 2 - (6-5) \times 1 = 1$$

で，1 となる。

また，平面上に存在する物体の自由度は 3 である。これが，一つの線に限定されると自由度は 2 となる。さらに，一つの点に限定されると自由度は 1 となる。よって，立体カム B の自由度は同様に

$$F = 3(E-1) - \sum_{f=1}^{2}(3-f)P_f$$

$$F = 3(3-1) - (3-1) \times 2 - (3-2) \times 1 = 1$$

で，1 となる。

なお，平面リンクの自由度に関しては 1 章を参照のこと。　　◇

3.2　カム機構の種類

カムは運動様式やその形状によって一般に図 3.4 に示すように分類される。運動が平面運動として扱えるか，空間運動として扱えるかによって平面カムと立体カムに分類することができる。

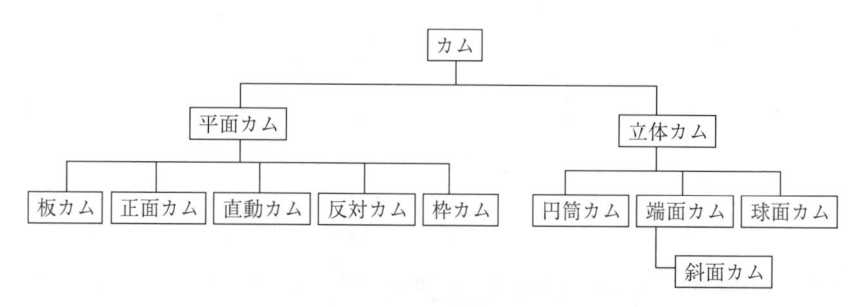

図 3.4　カム機構の種類

つぎに，代表的な平面カムと立体カムについて述べる。

〔**1**〕　**板カム (plate cam)**　　板カムは，板状のカムの輪郭に種々の外郭曲線を持たせたカムである（図 3.5）。従動節は，カムの外郭に接触するよう

従動節

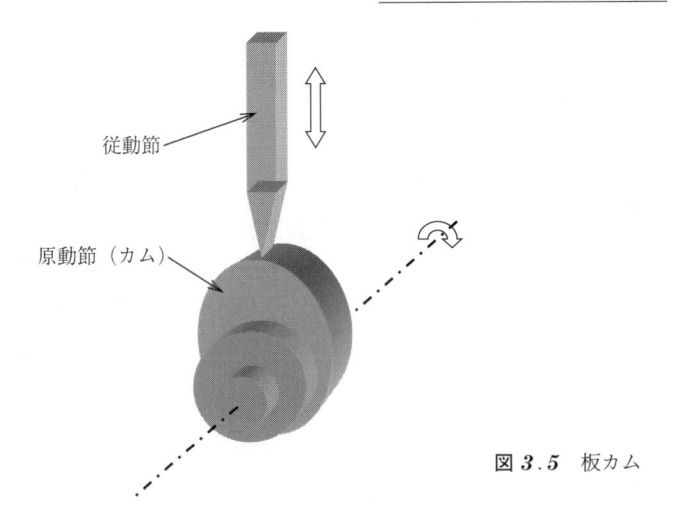

原動節（カム）

図 3.5 板カム

に配置し，カムの回転によって得られる変位を利用するものである．カムの回転に連動して従動節を周期的に往復動作させることができるため，ガソリン機関などの熱機関の吸気弁，排気弁などに用いられている．最も基本的なカムであり広く用いられている．

〔2〕 **正面カム**（face cam）　前述の板カムでは，高速でカムを回転させた場合やカムの外郭曲線によっては，従動節がカムから離れてしまうことがある．従動節の正確な動作のためにはこれを防止する必要がある．一般に，板カムにおいて従動節に運動を確実に伝達するには，いくつかの方法がある．例えば，従動節を重く作り，その重力によってつねにカムに接触させる方法や，ば

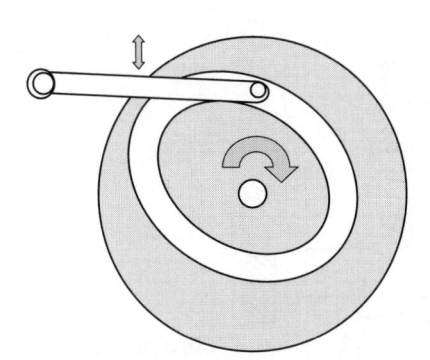

図 3.6 正面カム

ねなどを用いて従動節をカムにつねに引きつける方法が考えられる。また，図 **3.6** に示すように，従動節の一部をカムの溝の中に入れて，確実に動作させる方法がある。このようなカムを正面カムという。正面カムは，確実に運動が伝えられることから確動カムの一つである。

〔**3**〕 **反対カム**（inverse cam）　図 **3.7** に示すように原動節が回転すると，カムが上下運動を行うカムを反対カムという。これは，カムが従動節となっているため，通常のカムと反対の構成でありこのように呼ばれる。

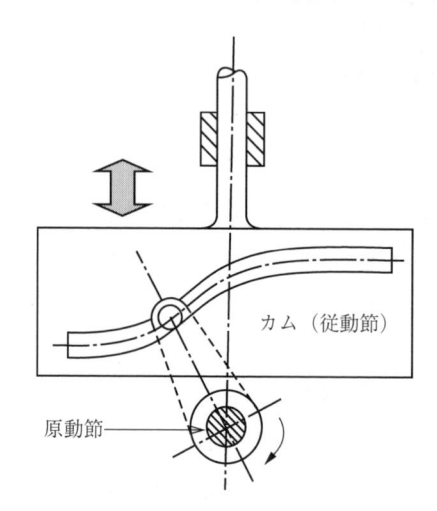

図 **3.7**　反対カム

〔**4**〕 **直動カム**（translation cam）　往復動する板にカム曲線を付けたカムを直動カムという。図 **3.8** に示すように，カムが左右に往復動するとそ

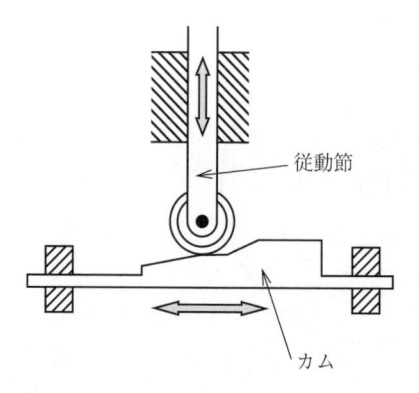

図 **3.8**　直動カム

れに連動して従動節が往復動する．カムの交換が比較的容易であり，容易に従動節の動きを変えることが可能であるため，生産ラインにおいて加工や組立の自動化を行う産業用ロボットの機構として広く応用されている．

〔5〕 **枠カム**（yoke cam） 枠カムは，つねに従動節をカムに接触させる確動カムの一つである．図 **3.9** に示すように従動節に枠を設けており，その枠の中でカムを回転させるものである．

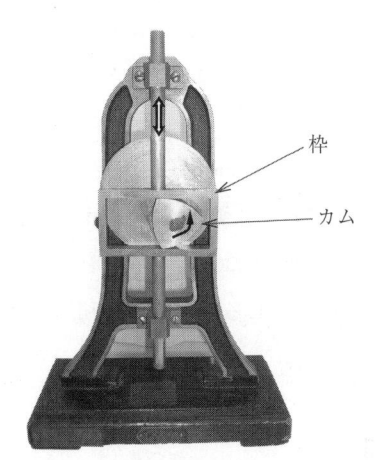

図 **3.9** 枠カム

〔6〕 **円筒カム**（cylindrical cam） 円筒カムは立体カムの一つで，円筒の表面に従動節を案内するための溝あるいは翼を設け，カムの回転に連動して

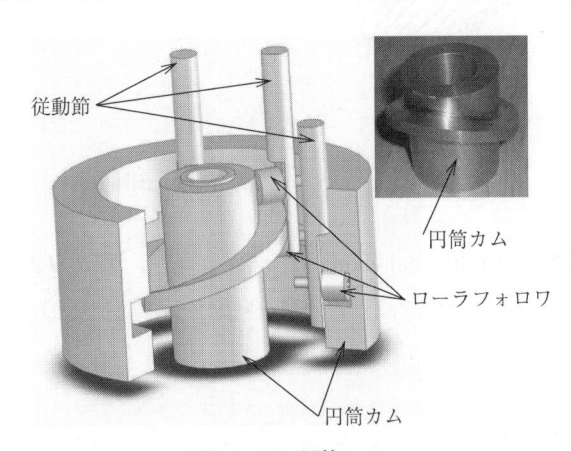

図 **3.10** 円筒カム

従動節が動作する．**図 3.10** に円筒カムの例を示す．図の円筒カムは，円筒面の外表面に翼を構成した円筒カムと，円筒面の内面に溝を構成した円筒カムを組み合わせたカム機構である．この例は，カム翼を従動節のローラフォロワで挟むように構成した確動カムとしている．

円筒カムは，板カムと違い回転軸方向に従動節を駆動する特徴があり，また，コンパクトな構成が可能となるため，回転機械における回転運動を往復運動に変換する際にしばしば用いられる．しかし，カム翼やカム溝の加工は板カムに比べて困難であり，また，カム翼の厚さの設計など，構造的な検討も重要となる．

〔7〕 **斜面（斜板）カム（swash plate cam）**　円板形状のカムが軸に傾斜して取り付けてあるような**図 3.11** に示すカムを斜面カムあるいは斜板カムという．容易に複数個の従動節を斜板上に配置することが可能であり，一つの駆動源で複数個のピストンを往復動させる場合などに利用される．

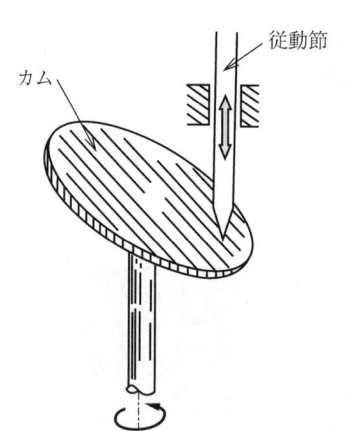

図 3.11　斜面（斜板）カム

〔8〕 **球面カム（spherical cam）**　球面カムは，**図 3.12** に示すように球面に溝を付けたカム機構で，カムの軸を回転させると従動節は，ある角度内で往復回転運動をする．

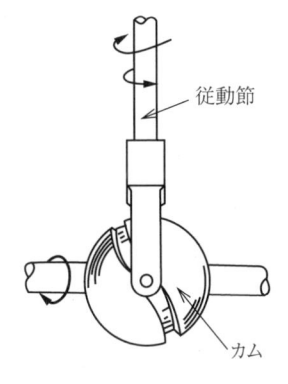

図 3.12 球面カム

〔9〕 **端面カム（end cam）**　端面カムを図 3.13 に示す。端面カムは，円筒の端面を利用して従動節を案内する立体カムで，円筒の筒端面にカム曲線を構成している。

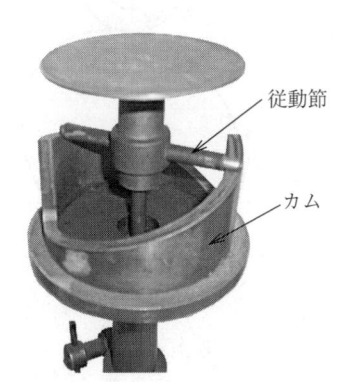

図 3.13 端面カム

〔10〕 **円すいカム（conical cam）**　円すいカムを図 3.14 に示す。円すいカムは基本的に円筒カムと同様であるが，原動節と従動節との軸が傾斜して配置される。

　一方，カムを駆動節と従動節の接触のありさまに着目して分類することができる。図 3.15 に示す板カム機構は，従動節がその先端の1点あるいは奥行きを考えると線を接触点（線）として駆動節の形に応じた動きを行うカム機構である。このような従動節をポイントフォロワという。ポイントフォロワは先端部の摩耗が激しいため，それを避けるために図 3.16 に示すようなフォロワ

66   3. カム機構

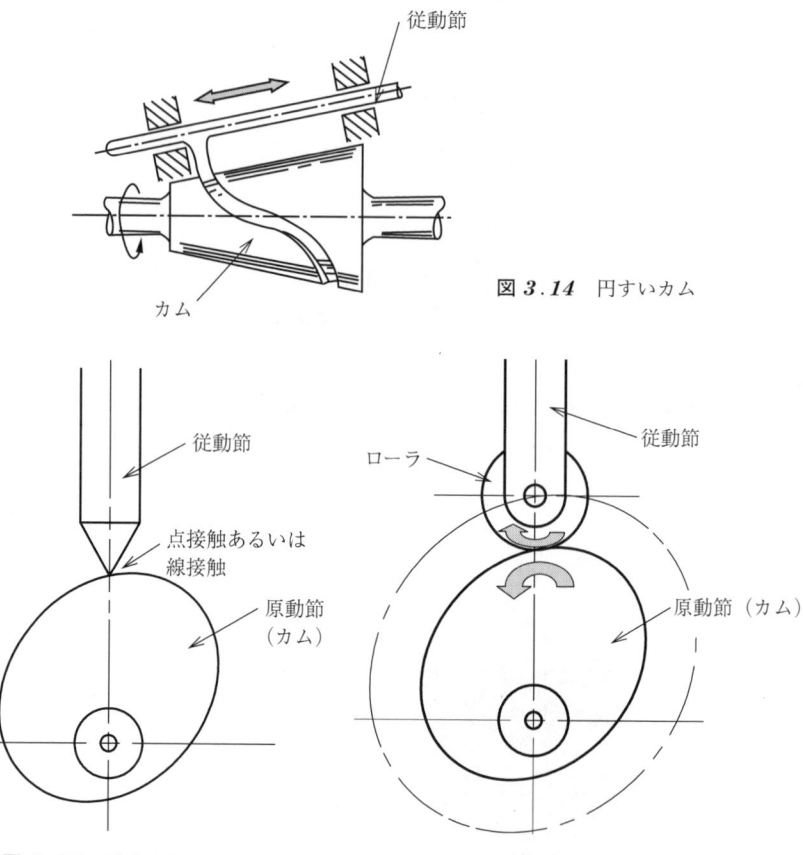

図 3.14 円すいカム

図 3.15 ポイントフォロワの板カム機構

図 3.16 ローラフォロワの板カム機構

の先端部にローラを取り付けた従動節がある．これをローラフォロワという．

　従動節は，重力，場合によってはばねを用いて駆動節に押し付けられるが，カムの速度が大きくなると従動節の動きが駆動節の形状に従いきれずに接触が保持されず，両者が分離する場合が生じる．例えば，板カムのように従動節がカムによって下方向（一方向）のみに規制され，上方向（反対方向）には規制されないカムは，高速運動時に従動節がカムから離れ，ジャンピングを起こす可能性がある．この意味では，**図 3.15** や **図 3.16** のカム機構は不確動カム機構である．これに対して，**図 3.17** のように，板の側面に掘られた溝のな

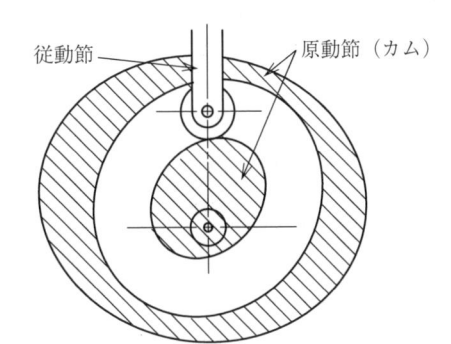

図 3.17 ローラフォロワ
確動カム機構

かを従動節の突起部あるいはローラが拘束された状態で構成されるカム機構がある。これは，従動節の動きが確実なカム機構で**確動カム機構**という。例えば，正面カムのように確実に従動節の運動を規制するカムは確動カム機構であり，このようなカム機構を有する装置を確動カム装置という。

3.3 板カム理論

カムの設計は，従動節の運動が仕様として与えられることが多く，したがって，カムの回転によってこの従動節の運動を実現させるものである。一般的なカムの輪郭を求めるには，等速回転するカムに対して横軸にカムの回転角をとり，従動節の変位量や速度，加速度を縦軸にとった変位曲線，速度曲線，加速度曲線を用いることが多い。これらの線図をまとめて**カム線図**という。**図3.18**にカムの変位曲線の例を示す。また，**図3.19**に等速度カム，等加速度カム，単振動のカム曲線を例として示す。**図3.19**(a)の等速度カムは，カムが150°回転する間に，フォロワの変位は回転角に比例して上昇し，150°～180°の間では停止する。0°や150°では，速度が急激に変化するので，大きな加速度が生ずることになり，フォロワに衝撃を与える。したがって，この点を回避するように設計しなければならない。図(b)の等加速度カムの例は，カムが90°回転する間にフォロワが加速度$+\alpha$で上昇し，90°からは$-\alpha$で減速しながら180°で停止する。加速度が変化する90°では速度の変化が小さくな

図 3.18 カムの変位曲線

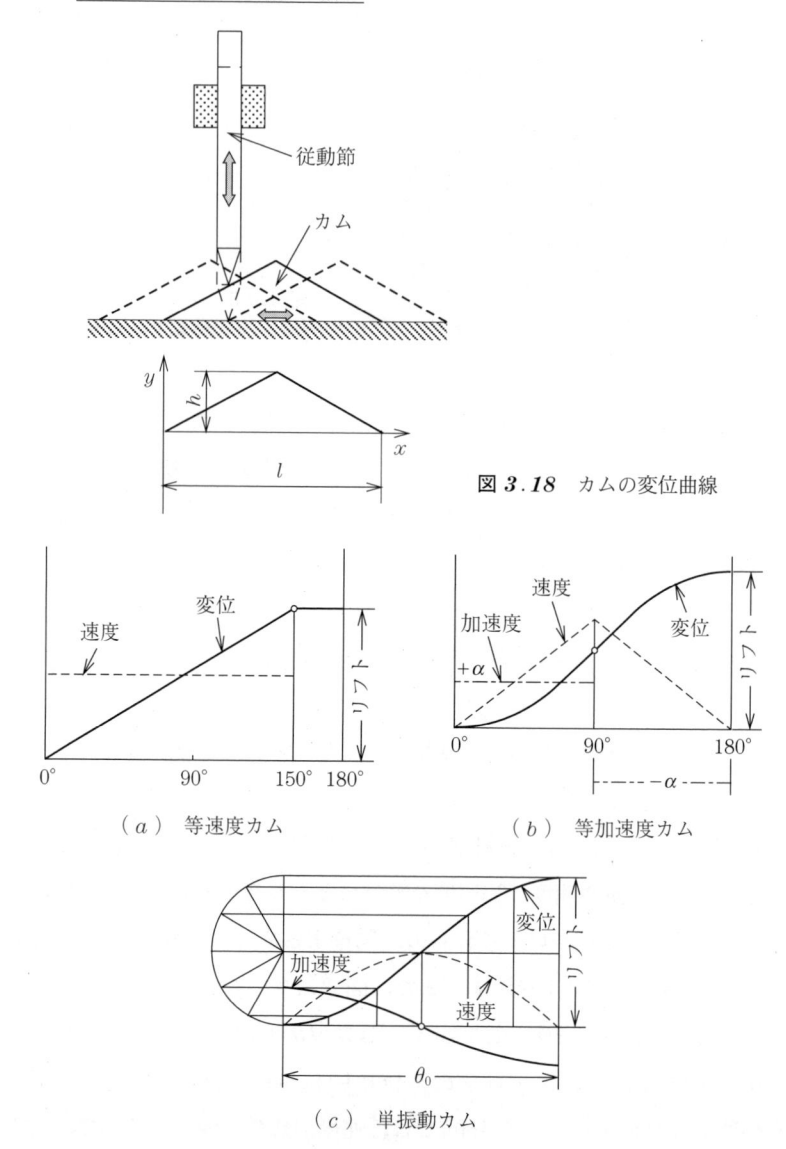

(a) 等速度カム

(b) 等加速度カム

(c) 単振動カム

図 3.19 カム曲線

るため，衝撃が小さく高速カムに用いられる．図 (c) の単振動カムの例は，フォロワの変位，速度，加速度がともに正弦曲線になり，速度，加速度ともに急激に変化しないことからフォロワに衝撃を与えることがなく，理想的な変位

を実現する．この変位曲線は，先の等速度カムの衝撃を低減するための**緩和曲線**として用いられることが多い．

ここでは，カムの中でも広く用いられており，カム理論の基礎となっている板カムについて述べる．

3.3.1 ポイントフォロワ

図 3.20 のように，ポイントが通過する直線がカム軸を通るオンセンターカムにおいては，カムの軸に原点をおき，図のように極座標 r,θ によって表すと，θ はカムの回転角，r は従動節の変位を表す．

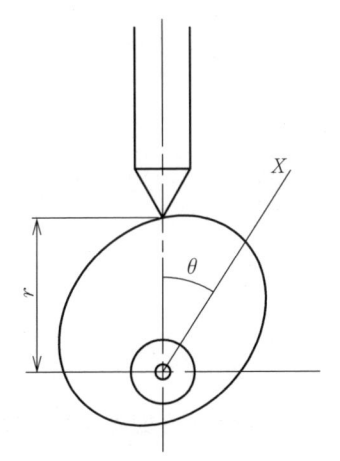

図 3.20 ポイントフォロワの座標系

r を θ の関数とすればカムの形は

$$r = f(\theta) \tag{3.1}$$

となる．したがって，従動節の速度，加速度は以下のようになる．

$$\dot{r} = \dot{\theta} f'(\theta) \tag{3.2}$$

$$\ddot{r} = \ddot{\theta} f'(\theta) + \dot{\theta}^2 f''(\theta) \tag{3.3}$$

ここで，例えば，$\theta = \omega$（一定角速度）とすれば

$$\ddot{r} = 0$$

となるカムは，式 (3.3) より

70   3. カ ム 機 構

$$\omega^2 f''(\theta) = 0 \tag{3.4}$$

よって，$a=$ 一定とおいて

$$f'(\theta) = a \tag{3.5}$$

よって

$$\frac{dr}{d\theta} = a \tag{3.6}$$

$$\therefore \quad r = a\theta + c, \quad c = \text{一定} \tag{3.7}$$

$\theta = 0$ において $r = r_0$，$\theta = \pi$ において $r = r_1$ とすると

$$c = r_0 \tag{3.8}$$

$$a = \frac{r_1 - r_0}{\pi} \tag{3.9}$$

よって

$$r = \frac{(r_1 - r_0)\theta}{\pi} + r_0 \tag{3.10}$$

$\theta = \pi$ から r が減少し，$\theta = 2\pi$ で再び $r = r_0$ となるとすれば，$\pi \leq \theta \leq 2\pi$ の範囲において，a, c を求めると

$$r = \frac{(r_0 - r_1)\theta}{\pi} + 2r_1 - r_0 \tag{3.11}$$

$$r = -\frac{(r_1 - r_0)(\theta - \pi)}{\pi} + r_1 \tag{3.12}$$

式 (3.10)，(3.12) を一つの図にまとめたものを図 **3.21** に示す。このようなカムは，従動節の変位がカムの回転角だけに比例する。したがって，従動節が等速度となり，等速度カムあるいはそのカム曲線の形からハートカムという。また，このカムの形は式 (3.13) の極座標方程式で与えられ，この形の曲線をアルキメデス渦線という。

$$r = a\theta + c \tag{3.13}$$

ここで，r は従動節の変位，θ は回転角，a, c は定数である。

また，図 **3.21** に示す点 p, q では，急激な加速度の変動があり，高速時には振動を生じやすい。したがって，これを防止するために一般に図 **3.22** に示すような曲線を設ける。このような加速度緩和のための曲線を**緩和曲線**とい

3.3 板カム理論

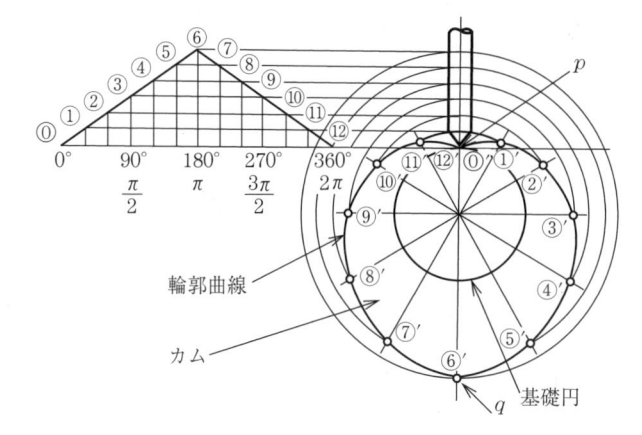

図 3.21 ハートカム（等速度カム）

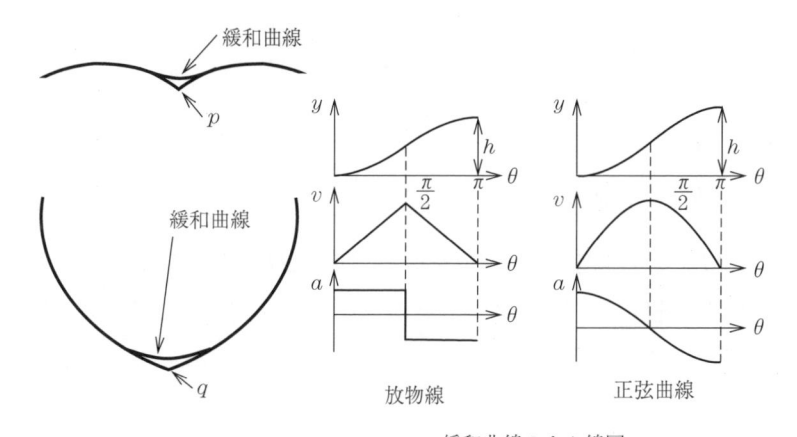

緩和曲線のカム線図

図 3.22 緩和曲線

う．**緩和曲線**には，放物線や正弦曲線を用いることが多い．

また，変位線図が放物線あるいは正弦曲線となるカムの従動節の変位量（カムのリフト）h は，カムの回転角 θ に対する変位 y，速度 v，加速度 a はつぎのようになる．

放物線の場合，$0 \leq \theta \leq \pi/2$ において

$$y = 2h \frac{\theta^2}{\pi^2} \tag{3.14}$$

$$v = 4h\frac{\theta\omega}{\pi^2} \tag{3.15}$$

$$a = 4h\frac{\omega^2}{\pi^2} \tag{3.16}$$

$\pi/2 \leq \theta \leq \pi$ において

$$y = h - 2h\frac{(\pi-\theta)^2}{\pi^2} \tag{3.17}$$

$$v = 4h\frac{(\pi-\theta)\omega}{\pi^2} \tag{3.18}$$

$$a = -4h\frac{\omega^2}{\pi^2} \tag{3.19}$$

正弦曲線の場合

$$y = \frac{h}{2}(1-\cos\theta) \tag{3.20}$$

$$v = \frac{h}{2}\omega\sin\theta \tag{3.21}$$

$$a = \frac{h}{2}\omega^2\cos\theta \tag{3.22}$$

図 **3.23** に等加速度カムの変位を示す。図 **3.21** の等速度カムでは $\theta=0$, π において加速度が無限大になることから，等加速度カムのほうが力学的に有利である。

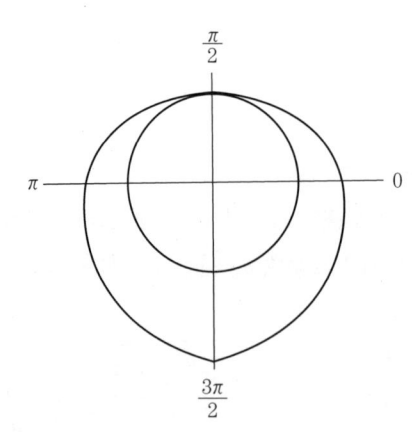

図 **3.23** 等加速度カムの変位

例題 3.2 カムの変位曲線 y が,**図 3.22** の放物線二つで表すことができるとき,等加速度カムとなるための条件を考察せよ.

【解答】 カムの変位 y,速度 v,加速度 a とする.$0 \leq \theta \leq \pi/2$ におけるカム曲線を
$$y = k\theta^2$$
とする.$\theta = \pi/2$ のとき,$y = h/2$ であるので
$$k = \frac{2h}{\pi^2}$$
である.よって,変位曲線 y は
$$y = \frac{2h}{\pi^2}\theta^2$$
となる.また,速度 v は変位 y を,加速度 a は速度 v をそれぞれ微分することによって求められる.すなわち,カムの角速度を,$\omega = d\theta/dt$ とすれば
$$v = \frac{dy}{dt} = \frac{4h}{\pi^2}\omega\theta$$
$$a = \frac{dv}{dt} = \frac{4h}{\pi^2}\omega^2$$
となる.等加速度カムとするには,従動節の加速度 a が一定でなければならない.よって,カムの加速度 ω が一定でなければならない.　◇

3.3.2 ローラフォロワ

ローラフォロワは,ポイントフォロワの先端の摩耗を避けるために,半径 a のローラを用いるものである.ポイントフォロワのカム曲線上の点を中心にして,a を半径とする円群を描くとき,**図 3.24** に示すように,その円群の包絡線が,ローラフォロワにしたときのカム曲線になる.

直交座標 x,y で,ポイントフォロワに対応するカム曲線状の点を x_0,y_0 とするとき,その曲線を
$$y_0 = y_0(x_0) \qquad (3.23)$$
とする.点 (x_0, y_0) に中心におき,半径 a の円は
$$(x - x_0)^2 + (y - y_0)^2 = a^2 \qquad (3.24)$$
式 (3.24) は式 (3.23) における x_0 をパラメータとした円群を表している.その包絡線は,式 (3.24) を x_0 で偏微分した式と式 (3.24) により得

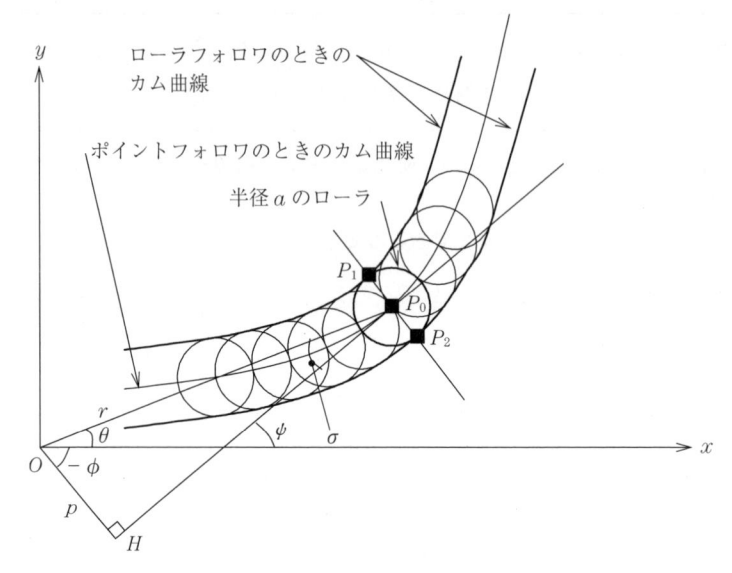

図 3.24 ローラフォロワのときのカム曲線

られる．すなわち

$$-(x-x_0)-(y-y_0)\frac{\partial y_0}{\partial x_0}=0 \quad (3.25)$$

$$\frac{\partial y_0}{\partial x_0}=\tan\psi \quad (3.26)$$

ψ は，$y_0=y_0(x_0)$ の曲線の接線と x 軸とのなす角を示す．

よって，カム曲線は以下のように与えられる．

$$\left.\begin{array}{l}x=x_0\mp a\sin\psi\\ y=y_0\pm a\cos\psi\end{array}\right\} \quad (3.27)$$

ローラフォロワを用いるカム曲線は，式（3.27）で与えられるが，問題はこの曲線が現実的なカム曲線になり得るかどうかである．特に，ポイントフォロワに対応するカム曲線の曲率半径 ρ がローラ半径 a よりも小さくなるときは，現実に構成できなくなるので特に注意が必要である．ρ と a の間には式（3.28）の関係が成立する必要がある．

$$\rho-a\geq 0 \quad (3.28)$$

曲線 $y_0 = y_0(x_0)$ に沿う線の長さを s とすると，曲率半径 ρ は

$$\rho = \frac{ds}{d\psi} \tag{3.29}$$

で与えられる。s で微分して

$$\frac{d^2 y_0}{dx^2} \cdot \frac{dx_0}{ds} = \sec^2 \psi \frac{d\psi}{ds} \tag{3.30}$$

$$\frac{dx_0}{ds} = \cos \psi, \quad \frac{ds}{d\psi} = \rho \tag{3.31}$$

を代入し

$$y' = \frac{dy_0}{dx_0}, \quad y'' = \frac{d^2 y_0}{dx_0^2}$$

とおき

$$\rho = \frac{\sec^3 \psi}{y''} = \frac{(1+\tan^2 \psi)^{3/2}}{y''}$$

$$\therefore \quad \rho = \frac{(1+y'^2)^{3/2}}{y''} \tag{3.32}$$

また，図のように曲線が極座標表示により，$r = r(\theta)$ で与えられているときは，動径 OP_0 と曲線の接線のなす角を σ として

$$\psi = \theta + \sigma \tag{3.33}$$

σ を用いて線素 ds を表すと

参　　考

接線座標表示

　図 **3.24** に示すように，曲線の接線へ引いた原点からの垂線の長さを p とすると，$P = P(\psi)$ によっても曲線を表すことができる。このような変数，P, ψ によって曲線を表すことを，曲線の接線極座標表示といい，P, ψ を曲線の接線極座標という。接線極座標を用いると，曲率半径の式は，以下のように大幅に簡単になり，取扱いが容易になる。

　図 **3.24** の曲率半径は

$$\rho = p + p''$$

となる。

$$ds = dr \sec \sigma \tag{3.34}$$

式 (3.29) に式 (3.33), (3.34) を代入して

$$\rho = \frac{dr \sec \sigma}{d\theta + d\sigma} \tag{3.35}$$

ここで, $d\theta$ を σ で表すと

$$d\theta = \frac{r \tan \sigma}{r} \tag{3.36}$$

式 (3.36) を式 (3.35) へ代入して

$$\rho = \frac{rdr}{dr \sin \sigma + r \cos \sigma d\sigma} = \frac{rdr}{d(r \sin \sigma)} \tag{3.37}$$

3.3.3 平面フォロワ

図 3.25 に示すカム機構を平面フォロワカム機構という。従動節の作用部分を平面とし,駆動節との接触点が従動節の平面上を移動するようにしている。したがって,ポイントフォロワに比べると耐摩耗性が良く,有利である。

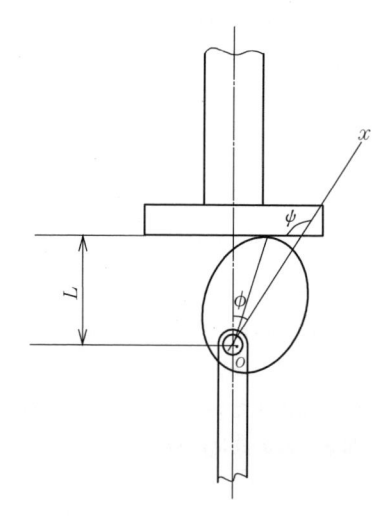

図 3.25 平面フォロワカム機構

設計において要求されるのは, L と ϕ の関数関係, すなわち

$$L = L(\phi) \tag{3.38}$$

である．作用平面 ox となす角を ϕ とすると，L, ϕ はカム曲線を表す接線極座標になっている．

$$\phi = \psi - \frac{\pi}{2} \tag{3.39}$$

であるので，L, ϕ により曲線の接線曲座標を表現することが可能である．したがって，設計の際に要求されるカムの回転角 ϕ と従動節の変位 L の関係式がカム曲線を与えることになる．

3.4 カムの圧力角

原動節の表面が従動節の表面と直接接触して押し進めるカムでは，摩擦力が運動の伝達に大きな役割を果たす．

図 3.26 において，O をカムの回転中心，点 P を接触点とする．この点においての力の釣合いを考える．従動節に作用する重力およびばね力を含めた力を Q，カムから従動節に及ぼす法線方向の垂直反力 N とそれによる摩擦力 μN との合力を R，ガイド G から従動節に及ぼす反力を T とする．ここで，

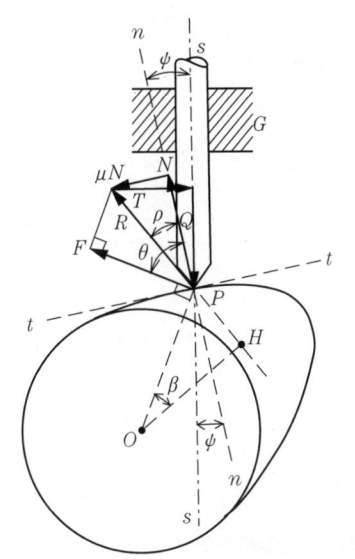

図 3.26 カムの圧力角

μ はカムと従動節との間の摩擦係数で,$\mu=\tan\rho$ となり ρ は摩擦角である。

いま,このカムを回転させるモーメントを M とすると

$$M = R \cdot \overline{OH} = R \cdot \overline{OP} \cos\beta = \overline{OP} \cdot R \cos(\theta-\rho) = \overline{OP} \cdot F \qquad (3.40)$$

となる。したがって,F が直線 OP に垂直な回転力となる。ここで,F と Q との間の関係は

$$F = R \cos(\theta-\rho) \qquad (3.41)$$

$$Q = R \cos(\phi+\rho) \qquad (3.42)$$

より

$$F = Q \frac{\cos(\theta-\rho)}{\cos(\phi+\rho)} = Q \frac{\cos\theta + \mu\sin\theta}{\cos\phi - \mu\sin\phi} \qquad (3.43)$$

となる。この式において分母が 0 のとき,すなわち

$$\cos\phi - \mu\sin\phi = 0 \qquad (3.44)$$

$$\therefore \quad \mu = \cot\phi \qquad (3.45)$$

のとき,F は無限大になり,カムを回転させることができなくなる。

この法線 nn と軸線 ss とのなす角 ϕ を**圧力角**といい,この角が小さいほど F が小さくてすむため,円滑な運動が実現できる。

ϕ は,式 (3.45) により与えられるが,多くの場合

$\phi < 45°$ 　　カムの回転数 100 rpm 以下

$\phi < 30°$ 　　カムの回転数が高速の場合

が実際に用いられる。

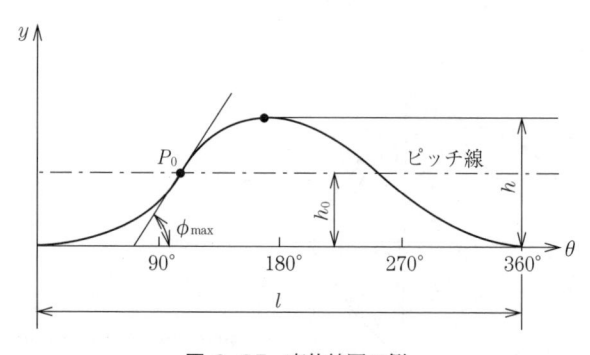

図 **3.27** 変位線図の例

カムの最小基礎円半径 r_g は，図 **3.27** に示すように，最大傾斜角 ϕ_{max}，そのときの最大圧力角を ψ_{max}，P_0 点の**リフト量**を h_0 とすると

$$r_g = \frac{l \tan \phi_{max}}{2\pi \tan \psi_{max}} - h_0 \tag{3.46}$$

となる．また，カムに作用する負荷を F〔N〕，カムの回転数を n〔rpm〕としたときに必要な動力 P〔W〕は以下のようになる．

$$P = F(r_g + h_0) \tan \psi_{max} \frac{2\pi n}{60} \text{〔W〕} \tag{3.47}$$

例題 3.3 カムにおける圧力角 ψ と変位曲線の傾斜角 ϕ の関係式を導け．

【解答】 カムの輪郭線上の点を P と変位曲線上の点 P を，それぞれ極座標 (r, θ)，直交座標 (θ, y) で表す．ここで，θ はカムの回転角，y は従動節の変位を表す．基礎円の半径を r_g とすれば

$$r = r_g + y$$

となる．また，従動節の速度を v，カムの角速度を ω とすれば

$$v = \frac{dr}{dt}$$

$$\omega = \frac{d\theta}{dt}$$

であるので

$$v = r\omega \tan \psi$$

$$dr = r(\tan \psi)\,d\theta$$

となり

参　　考

カムの基礎円
カムの輪郭に内接し，カムの回転中心を中心とする円．

カムのピッチ円
カムの輪郭と基礎円の接点を原点（開始点）とする変位線図において，変位曲線が最大傾斜となる点を通り横軸に平行な直線をピッチ線といい，このピッチ線の長さを円周にしたカムの回転中心を中心とする円．

80   3. カム機構

$$\tan \phi = \frac{dr}{rd\theta}$$

の関係が圧力角 ϕ と回転角 θ の間にあることがわかる．

ところで

$$\frac{dr}{dy} = 1$$

であるので

$$\frac{dr}{d\theta} = \frac{dr}{dy}\frac{dy}{d\theta} = \frac{dy}{d\theta}$$

となる．

$$\tan \phi = \frac{dy}{d\theta}$$

であるので，圧力角 ϕ と傾斜角 ϕ の関係式は

$$\tan \psi = \frac{\tan \phi}{r_g + y}$$

となる．   ◇

3.5 カム機構の実施例

カム機構は，自動車のエンジン，各種回転機械，工作機械など，多くの機械に用いられている．周期的に同じ動作を実現するためにカム機構は有効である．ここでは，カム機構の実施例を挙げる．

3.5.1 内燃機関の吸排気弁

図 3.28 に示す自動車用のガソリン機関のように，機関本体内で燃料を燃焼して動力を得る内燃機関では，シリンダ内へ空気と燃料の混合ガスを吸気させ，燃焼後の燃焼ガスをシリンダ外部へ排気させる弁機構が必要である．これらの弁は，機関の動作工程に同期して周期的に開閉させなくてはならない．多くの内燃機関では，この弁の開閉動作にカム機構を用いている．

ガソリン機関で一般的に用いられている弁機構は，頭弁式（over head valve type, OHV），頭上カム式（over head cam shaft type, OHC），側弁式（side valve type, SV）がある．カムの形は図 3.29 に示すような卵形で，

3.5 カム機構の実施例　　81

図 3.28　自動車用のガソリン機関

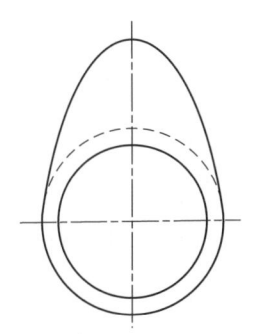

図 3.29　カムの形

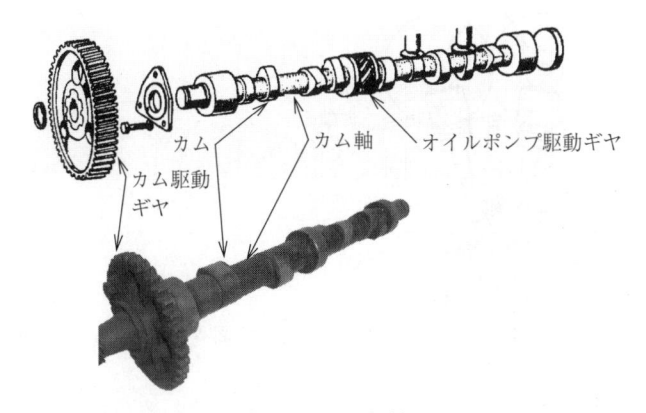

図 3.30　カム軸

3. カム機構

通常は図 **3.30** に示すようなカム軸と一体で作られる。材質は耐摩耗性の高い鋳鉄で作り，カム表面を硬化させる。

図 **3.31** に4サイクルガソリン機関の頭弁式弁機構の構造を示す。クランク軸と連動しているカム軸が回転することにより，カム軸に取り付けられているカムがタペットを押す。すると押し棒が揺れ，腕を押し上げ，揺れ腕の反対側が弁を押し下げ，弁が開放される。揺れ腕の押し下げ力がなくなれば，弁ばねにより弁が弁座に密着して，弁が閉じる。

図 **3.32** に頭上カム式弁機構の構造を示す。頭弁式弁機構では，構造がや

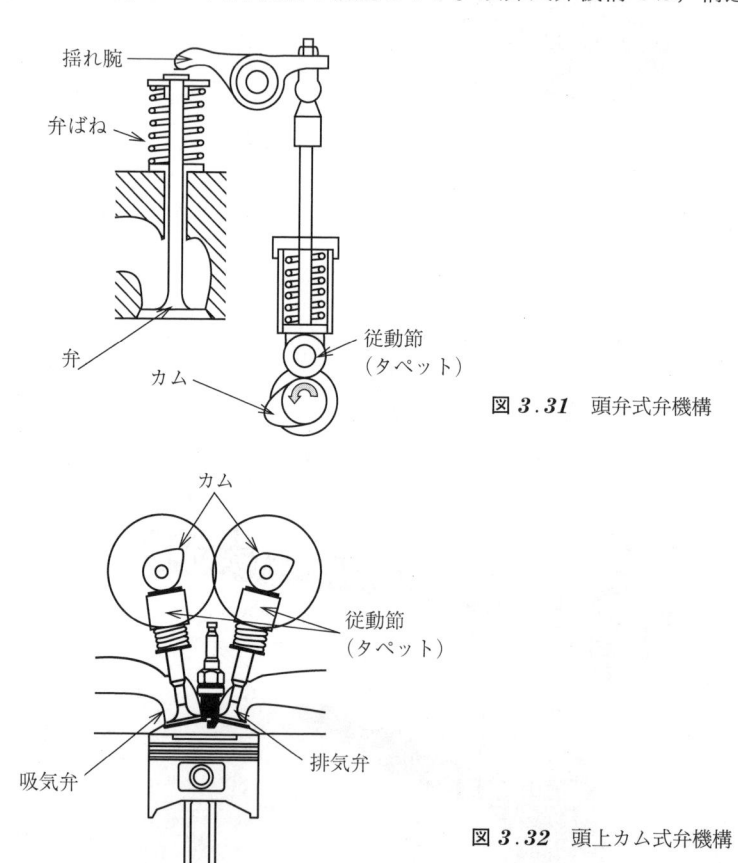

図 **3.31** 頭弁式弁機構

図 **3.32** 頭上カム式弁機構

や複雑であり，高速の弁の開閉には不向きであるが，頭上カム式弁機構は，さらに構成を簡略化し，高速でも安定的な弁の開閉が可能である．1本のカム軸ですべてのカムの動作を行う SOHC（single over head cam shaft type）と，2本のカム軸を用いる DOHC（double over head cam shaft type）がある．

図 **3.33** に側弁式弁機構の構造を示す．頭上カム式弁機構の場合，シリンダヘッド部に弁機構が取り付けられるが，弁をシリンダの側面に設置すれば，弁を押し上げるだけの簡単な構造になる．このような弁機構を側弁式弁機構という．しかし，側弁式弁機構は，吸・排気抵抗が大きく，燃焼室が扁平となるために圧縮比を高くできないため，比較的に小形の機関に用いられている．

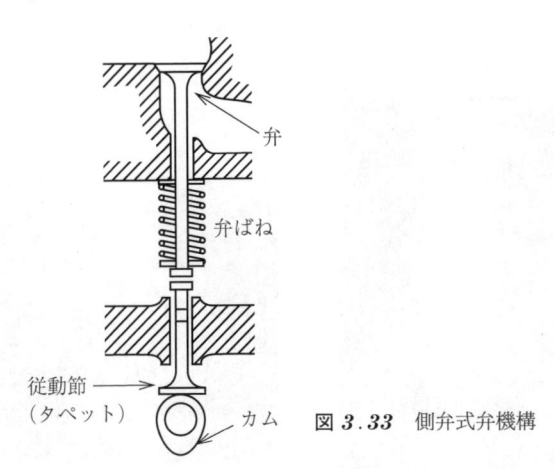

図 **3.33** 側弁式弁機構

3.5.2 ピストン駆動機構

電動機などの回転運動を往復運動に変換する際に，一般的に図 **3.34** に示すようなピストン-クランク機構が用いられるが，場合によっては円筒カムを用いることも可能である．

円筒カムをピストンの駆動に用いた冷凍機の構成を図 **3.35** に示した．円筒まわりにつばを設け，それに沿ってローラフォロワ，連接棒を介してピストンを往復動させるものである．

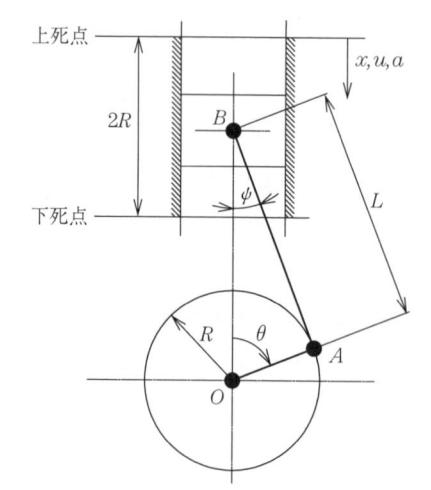

図 3.34 ピストン-クランク機構

図 3.35 円筒カム機構

演習問題

【1】 カムが,最初の 45°回転する間に従動節が等速度で 5 mm 上昇し,つぎの 45°の間は等速度で 10 mm 上昇し,つぎの 45°の間はその位置で静止,つぎの 45°の間は再び 5 mm 上昇し,つぎの 45°の間は等速度で 20 mm 下降し,つぎの 45°の間はその位置で静止,つぎの 45°の間は等速度で 20 mm 下降し,

つぎの 45° でその場に静止するようなカムを作れ。ただし，従動節の先端には直径 10 mm のローラがあるものとする。

【2】 ピッチ円の円周の長さ l が 240 mm，最大傾斜角 $\phi_m = 45°$，ピッチ円半径と基礎円半径の差 h_0 が 20 mm となる高速回転カムの基礎円半径 r_g はいくらか。

【3】【2】で，カムにかかる負荷が 20 N，カムの回転数が 1 000 rpm のとき，必要な動力はいくらか。

4

巻掛け伝動機構

　機械は，なんらかのエネルギーを消費して仕事をする。例えば，自動車ではタイヤが回転することにより走行（仕事）する。このときの動力はエンジンによる燃料の燃焼（エネルギー消費あるいはエネルギー変換）によって発生する。ところが，多くの機械は動力が発生をするところ（原動側）と仕事をするところ（従動側）が一体となってなく，両者が離れて設置されることが多い。このような場合，原動側の動力を従動側へ伝えなくてはならない。巻掛け伝動機構は，原動側機械と従動側機械が同軸上にない場合や両者の距離が大きいときに用いられる。本章では，巻掛け伝動機構の種類と特徴を述べ，動力伝達の原理を実施例を挙げながら解説する。

4.1　巻掛け伝動装置の種類

　巻掛け伝動機構（wrapping transmission）は，回転運動の伝達に用いられる機構である。またこの機構を用いた装置を巻掛け伝動装置という。**図 4.1** に示す自転車のチェーンは巻掛け伝動装置の一つである。人間の足でペダルをこいだとき（原動側）の力はチェーンを介して車輪（従動側）に伝えられて前進している。また，**図 4.2** に示すように，チェーンがかみ合うスプロケットの大きさが変わると原動側（駆動側）と従動側の速度比を変えることができる。巻掛け伝動装置は，自転車のような身近な機械から工作機械や自動車など，広く利用されている。

　自転車の例を見てもわかるように，一般に巻掛け伝動は，摩擦車や歯車装置などで直接伝動ができないような，原動軸と従動軸が離れている場合に用いら

4.1 巻掛け伝動装置の種類

図 4.1 自転車のチェーン

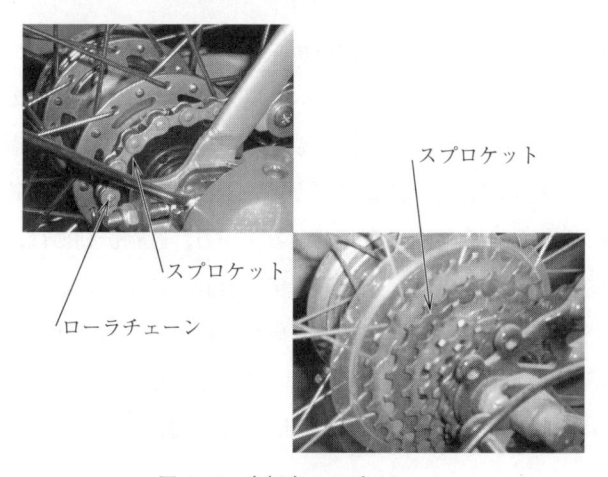

図 4.2 自転車のスプロケット

れる。巻掛け伝動には，ベルトまたはロープと車（プーリ）との摩擦力を利用した**摩擦伝動**と伝動鎖（チェーン）と鎖歯車の歯との接触力を利用した**確実伝動**がある。図 4.3 に巻掛け伝動の種類を示す。

　摩擦伝動には，平ベルト伝動装置，Vベルト伝動装置，ロープ伝動装置などがある。ベルトなどの連接体と巻掛け車の間の摩擦で伝動するため，通常でも両者の多少のすべりが発生し，確実な一定速度比を実現することが難しいと

```
巻掛け伝動 ─┬─ 摩擦伝動 ─┬─ 平ベルト伝動装置 …平ベルトをベルト車（平プーリ）に巻掛けて用いる
            │            ├─ Vベルト伝動装置  …Vベルトを溝車（Vプーリ）に巻掛けて用いる
            │            └─ ロープ伝動装置   …ロープを溝車に巻掛けて用いる
            └─ 確実伝動 ─── 鎖（チェーン）伝動装置 ─┬─ ローラチェーン伝動装置 …ローラチェーンをスプロケット
                                                    │                             にかみ合わせて用いる
                                                    ├─ サイレントチェーン伝動装置 …スプロケットの歯をリンクプレート
                                                    │                             が挟むようにして用いる
                                                    └─ 歯付きベルト（タイミングベルト）伝動装置 …ベルトの歯と車の歯を
                                                                                                  かみ合わせて用いる
```

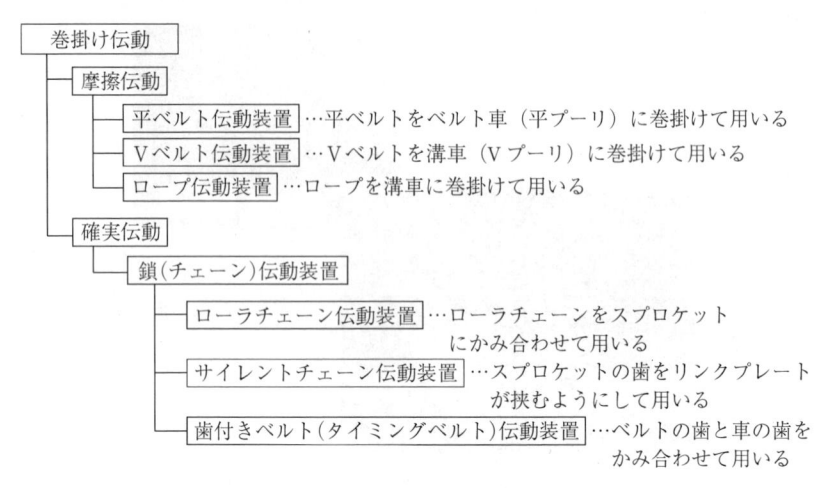

図 4.3 巻掛け伝動の種類

いう短所がある。しかし，異常な大荷重を伝えることになっても，ベルトやロープとプーリとの接触部分においてすべり（スリップ）が起こるので逆に装置の破壊を防ぐことができる。この特長を生かし，工作機械など，過負荷で回転がロックしない配慮が必要な機械に広く用いられている。また，確動伝動に比べて騒音が少ないという長所を有している。一方，確動伝動には，鎖伝動装置があり，鎖の種類によりローラチェーン伝動装置，サイレントチェーン伝動装置，歯付きベルト伝動装置などがある。確実伝動では，速度比は一定になる長所があるが，異常な大荷重がかかったときの破壊防止のために，通常は安全装置が取り付けられている。**表 4.1** に巻掛け伝動装置の適用範囲を示す。

表 4.1 巻掛け伝動装置の適用範囲

リンクの種類	軸距離〔m〕	速度比	リンクの速度〔m/s〕
平ベルト	10 以下	1：1〜6（15 以下）	10〜30（50 以下）
Vベルト	5 以下	1：1〜7（10 以下）	10〜15（25 以下）
ローラチェーン	4 以下	1：1〜5（8 以下）	〜 7（7 以下）
サイレとチェーン	4 以下	1：1〜6（8 以下）	3〜10（10 以下）

4.2 ベルトの掛け方

原動側と従動側の間にベルトを掛ける方法は，両者の位置関係や回転方向などによって図 4.4 に示すようなものが用いられている。原動側と従動側の軸

(a) オープンベルト

(b) クロスベルト

(c) 軸が平行でないとき

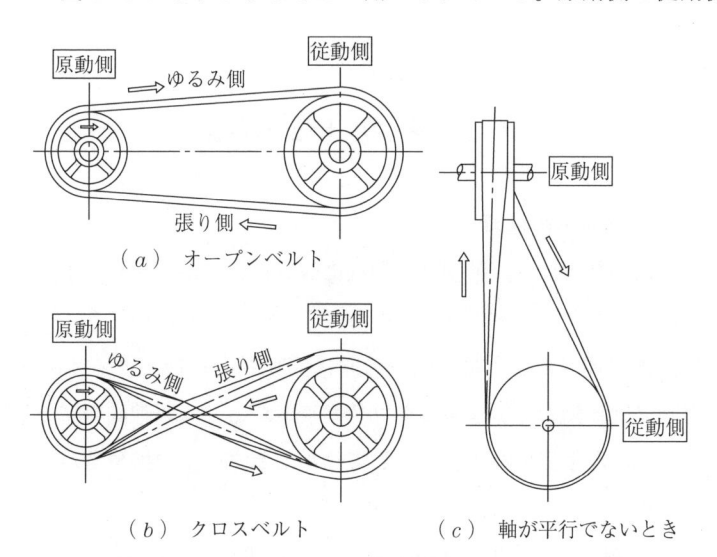

図 4.4 ベルトの掛け方

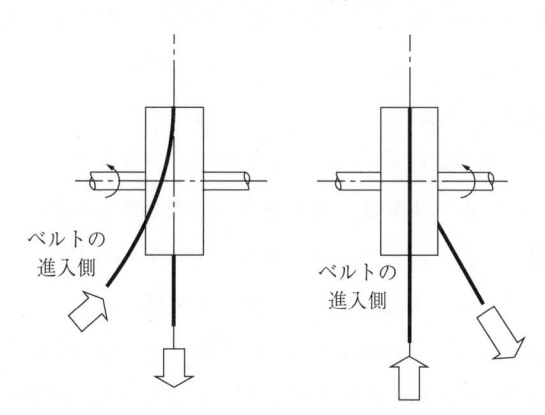

(a) ベルトは外れてしまう　(b) ベルトは外れない

図 4.5 2 軸が平行でないときの掛け方

が平行の場合は，両者の回転が同一方向とするオープンベルト（平行掛け：open belting），逆方向に回転させるクロスベルト（十字掛け：cross belting）がある。また，原動側の軸と従動側の軸が平行でない場合は，図（c）のようにする。この場合，ベルトがベルト車から外れることを防止するために，**図 4.5**に示すようにベルトの進入側がベルトの中心面上にあるように回転させなくてはならない。

4.3 平ベルト伝動装置

4.3.1 平ベルトの種類

平ベルト伝動装置は，原動軸と従動軸に取り付けた平プーリに平ベルトを掛け渡して，プーリとベルトの間の摩擦力によって動力を伝達する。ベルトの掛け方には，先に述べたように，同一方向に回転動力を伝達するオープンベルト，逆方向の回転動力を伝達するクロスベルトがあり，原動側のプーリに引き込まれるベルトが下側になるようにしてベルトとプーリの**接触角**が大きくなるようにして用いる。

ベルトの種類は，平皮ベルト，ゴムベルト，布ベルト，鋼ベルトなどがあり，JIS K 6321に構造や寸法が規定されている。平皮ベルトは，牛革の脊部を切り取ったものであり，弾力性に優れかつ摩擦係数が大きい。また，気孔があるために放熱性にも優れている。しかし，温度や湿度により伸縮するという短所がある。ベルトの継合せには，にかわ継ぎ，皮ひもとじ，ベルトとじ，ボタン継手がある。ゴムベルトは，綿布をゴムで固めたもので，引張強さが大きい。また，湿度にも強く，長いものも作りやすいが，熱や油に弱いといった短所がある。布ベルトは，綿糸，毛，絹，麻などで織ったもので，ゴムベルトと同様に，引張強さが大きく，長いものも作りやすいといった長所がある。しかし，縁がほつれやすいといった短所がある。鋼ベルトは，圧延した薄鋼板で強度が大きく，伸びも少ないといった長所があるが，急に切断されるという危険性がある。

平プーリ（平ベルト車）は，通常は鋳鉄や鋳鋼製であるが，高速用には軽合金製も用いられる。構造は図 **4.6** に示すように一体形と比較的大きい割り形がある。また，外表面は，フラットな F 形と中央を高くしクラウンを付けた C 形がある。中央を高くしているのは，矩形断面の腰の強いベルトであるならば，ベルトがプーリからはずれそうになったとき，正常な位置に戻るからである。しかし，ベルトの張力があまりにも小さい場合，ベルトの腰が弱いような場合には，このような正常化の動きは生じにくい。図中の D 寸法を呼び径，

参　　考

接触角

図に示すように，ベルトがベルト車に接触している角を接触角または巻掛け角（angle of contact）という。

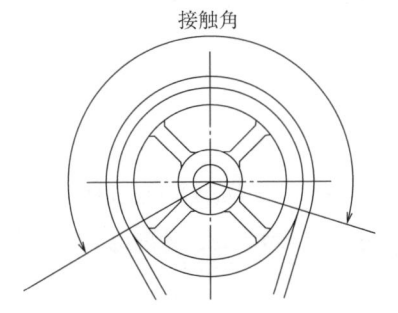

図　接触角

○ 平掛け小プーリの接触角

$$\alpha_A = \pi - 2\sin^{-1}\frac{d_B - d_A}{2a}$$

○ 平掛け大プーリの接触角

$$\alpha_B = \pi + 2\sin^{-1}\frac{d_B - d_A}{2a}$$

○ 十字掛けのプーリの接触角

$$\alpha_{A,B} = \pi + 2\sin^{-1}\frac{d_B + d_A}{2a}$$

α：接触角（巻掛け角），d：プーリ直径，a：中心間距離（軸間距離），添え字：A：小プーリ側，B：大プーリ側

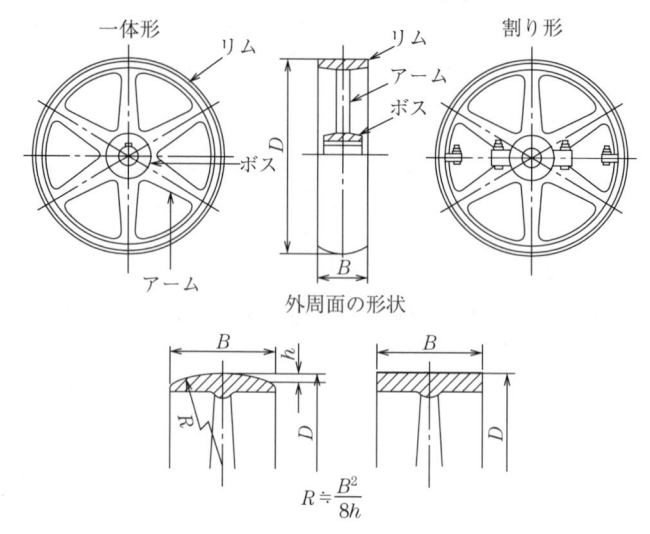

図 4.6 平プーリの構造

B 寸法を呼び幅という。

4.3.2 速度比

原動側プーリと従動側プーリの直径を D_1, D_2, 回転数を n_1, n_2 とし、ベルトの厚さがプーリに対して十分小さいとすれば、速度比 i は以下のようになる。

$$i = \frac{n_1}{n_2} = \frac{D_2}{D_1} \tag{4.1}$$

実際には、ベルトとプーリの間にすべりが生じるため、直径の比よりも 1〜2 程度小さくなる。通常、速度比の値は 6 以内になるようにする。

例題 4.1 原動側プーリの直径が 0.4 m、回転数を 90 rpm、ベルトの厚さを 5 mm とするとき、直径 0.2 m の従動側プーリの回転数を求めよ。

【解答】 ベルトの厚さを考慮しない場合

$$i = \frac{n_1}{n_2} = \frac{D_2}{D_1}$$

より

$$\frac{90}{n_2} = \frac{0.2}{0.4}$$

よって

$n_2 = 180$ rpm

ベルトの厚さを考慮する場合，同様に

$$\frac{90}{n_2} = \frac{0.2+0.005}{0.4+0.005}$$

よって

$n_2 = 177.8$ rpm ◇

4.3.3 ベルトの長さ

平掛けのベルトの長さは，式（4.2）のようになる。

$$l = \frac{\pi}{2}(D_2+D_1) + \phi(D_2-D_1) + 2a\cos\phi \tag{4.2}$$

さらに

$$\cos\phi = \sqrt{(1-\sin^2\phi)}, \ \sin\phi = \frac{D_2-D_1}{2a}, \ \cos\phi = 1 - \frac{1}{2}\sin^2\phi \ (\phi \to 0)$$

より，式（4.2）は式（4.3）となる。

$$l = 2a + \frac{\pi}{2}(D_2+D_1) + \frac{(D_2-D_1)^2}{4a} \tag{4.3}$$

また，十字掛けのベルトの長さは，同様に式（4.4）のようになる。

$$l = \frac{\pi}{2}(D_2+D_1) + \phi(D_2+D_1) + 2a\cos\phi \tag{4.4}$$

さらに，同様に ϕ が十分に小さいときには，式（4.5）のようになる。

$$l = 2a + \frac{\pi}{2}(D_2+D_1) + \frac{(D_2+D_1)^2}{4a} \tag{4.5}$$

ここで，l はベルトの長さ，D_1，D_2 は小プーリ，大プーリのそれぞれの直径，ϕ は中心線とベルトの傾斜角，a は中心距離である。

例題 4.2 直径 0.4 m および 0.2 m の二つのプーリの中心間距離が 2.5 m のとき，平掛けの場合のベルトの長さ，十字掛けの場合のベルトの長さを求めよ。

【解答】 平掛けの場合

$$l = 2a + \frac{\pi}{2}(D_2 + D_1) + \frac{(D_2 - D_1)^2}{4a}$$

より

$$l = 2 \times 2.5 + \frac{\pi}{2}(0.4 + 0.2) + \frac{(0.4 - 0.2)^2}{4 \times 2.5} \fallingdotseq 5.95 \text{ m}$$

十字掛けの場合

$$l = 2a + \frac{\pi}{2}(D_2 + D_1) + \frac{(D_2 + D_1)^2}{4a}$$

より

$$l = 2 \times 2.5 + \frac{\pi}{2}(0.4 + 0.2) + \frac{(0.4 + 0.2)^2}{4 \times 2.5} \fallingdotseq 5.98 \text{ m}$$

◇

4.3.4 ベルトの張力

プーリの伝動は，ベルトの引張側と緩み側の張力の差によって行われ，張力によりベルトは伸びを生じている。したがって，ベルトはプーリの表面において，微小部分の長さが張力に応じて少しずつ変化している。このために，ベルトはプーリの表面をはうような現象を生ずる。これを，ベルト伝動装置におけるクリープという。

平プーリによって伝動される動力は，引張側の張力から緩み側の張力を差し引いたものにベルトの移動速度を掛けて得られる。実際には，上述のクリープによって生じるベルトとプーリとの間のすべりによる摩擦損失がある。さらに，ベルトとプーリとの間の摩擦係数によってある程度以上のモーメントは伝わらずすべってしまう。

図 4.7 に示すようなプーリを考える。プーリの半径を a とし，ベルトの移動速度を v とする。ベルトの単位長さ当りの質量を ρ とする。また，このプーリが反時計方向に回転させられているものとすれば，T_1 が引張側の張力，T_2 が緩み側の張力になる。

いま，ベルトの中の微小長さ $ds = a d\theta$ を考える。この部分に働く力は，プーリの表面に垂直な方向の力の釣合いから

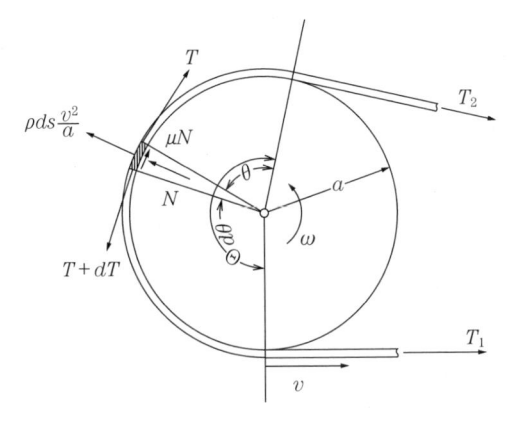

図 *4.7*　ベルトに働く力

$$N + \rho a d\theta \frac{v^2}{a} = T\sin\left(\frac{d\theta}{2}\right) + (T+dT)\sin\left(\frac{d\theta}{2}\right) \qquad (4.6)$$

また，ベルト車の表面に接する方向の力の釣合いから

$$T\cos\left(\frac{d\theta}{2}\right) + \mu N = (T+dT)\cos\left(\frac{d\theta}{2}\right) \qquad (4.7)$$

となる。ただし

　　$T, T+dT$：ベルトの内部応力としての張力

　　$\rho ds v^2/a$：ベルトの体力としての遠心力

　　N：ベルト車表面に垂直な外力

　　μN：ベルト車表面に平行な外力（μ：摩擦係数）

式 (4.5), (4.6) より N を消去すると

$$dT = \mu(T - \rho v^2)\,d\theta \qquad (4.8)$$

積分して

$$\ln(T - \rho v^2) = \mu\theta + C \qquad (4.9)$$

$\theta = 0$ において，$T = T_2$，$\theta = \Theta$ において，$T = T_1$ として，C を消去する。

$$\ln\frac{T_1 - \rho v^2}{T_2 - \rho v^2} = \mu\Theta \qquad (4.10)$$

$$\therefore\ \frac{T_1 - \rho v^2}{T_2 - \rho v^2} = e^{\mu\Theta} \qquad (4.11)$$

$T_1 - T_2 = P$ とおくと

$$T_1 = \frac{Pe^{\mu\theta}}{e^{\mu\theta}-1} + \rho v^2 \qquad (4.12)$$

$$T_2 = \frac{P}{e^{\mu\theta}-1} + \rho v^2 \qquad (4.13)$$

よって，同じ回転力 P に対して，ベルトの張力を減らすためには，$\mu\Theta$ をなるべく大きくし，v をなるべく小さくすればよい。

4.3.5 ベルトのすべり

原動側では，ベルトは張り側が伸びた状態で巻き込まれ，緩み側が縮んだ状態となって送り出されるから，ベルト速度はプーリの円周速度よりも小さくなる。同様に考えれば，従動側では反対にベルトの速度はプーリの円周速度よりも大きくなる。これは，弾性によるすべりが生じるためで，ベルトのクリープ現象という。

いま，張り側の伸びを δ_1，緩み側の伸びを δ_2 とすると，それぞれ以下のようになる。

$$\delta_1 = \frac{T_1 L}{btE} \qquad (4.14)$$

$$\delta_2 = \frac{T_2 L}{btE} \qquad (4.15)$$

 L：ベルトの初期長さ，b：ベルト幅，t：ベルトの厚さ，E：ベルトの弾性係数

したがって，すべり量 λ とすべり率 γ は以下のようになる。

$$\lambda = \delta_1 - \delta_2 = \frac{L}{btE}(T_1 - T_2) \qquad (4.16)$$

$$\gamma = \frac{\lambda}{L} = \frac{T_1 - T_2}{btE} \times 100 \ [\%] \qquad (4.17)$$

図 4.8 に示すように，プーリの大きさが大きく違い，さらに軸間距離が短いときには，接触角が小さくなるため，ベルトのすべりが生じる。この場合，図 4.9 のように遊び車を配置し，接触角を増加させるようにする。しかし，

4.3 平ベルト伝動装置 97

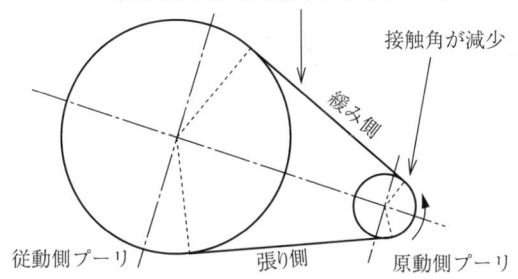

図 4.8 ベルトのすべり（プーリが大きさが大きく違うとき）

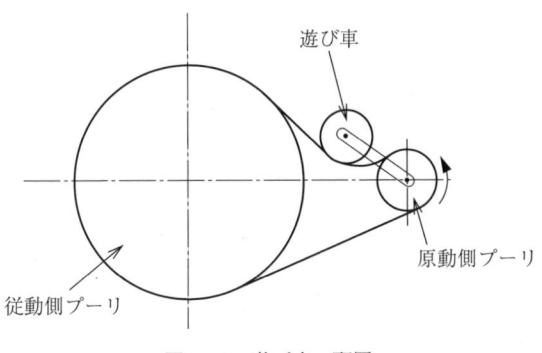

図 4.9 遊び車の配置

この場合，ベルトが交互に曲げられることになるので，劣化しやすくなる。

4.3.6 ベルト伝動の効率

図 4.10 のようなベルト伝動装置の効率を考える。原動側プーリに作用する力を P，その回転半径を l，最後の従動側のプーリに作用する力を Q とすると，このベルト伝動装置の機械効率 η は単位時間内の仕事量の比であるので，以下のように表すことができる。

$$\eta = \frac{Qr\omega'}{Pl\omega} = \frac{Qr\varepsilon}{Pl} \qquad (4.18)$$

ここで，ω は原動側プーリの角速度，ω' は最後の従動側プーリの角速度である。

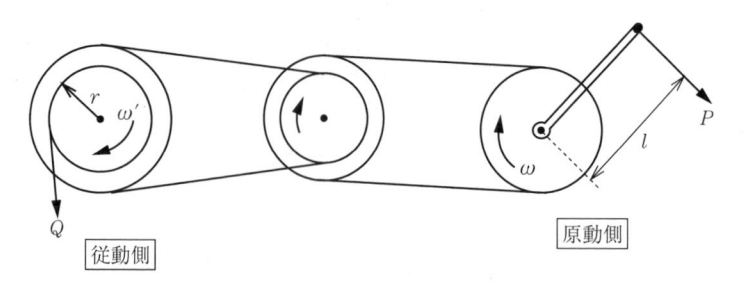

図 4.10 ベルト伝動装置の効率

$$\frac{\omega'}{\omega} = \varepsilon \tag{4.19}$$

よって

$$\frac{Q}{P} = \frac{l}{r\varepsilon} \cdot \eta \tag{4.20}$$

ゆえに

$$P = \frac{r\varepsilon}{l\eta} \cdot Q \tag{4.21}$$

$$\varepsilon = \frac{lP}{rQ} \cdot \eta \tag{4.22}$$

となる。

4.4 Vベルト伝動装置

4.4.1 Vベルトの種類

Vベルト伝動装置は，台形断面を持ったVベルトをV溝を持ったプーリ（Vプーリ）に掛け渡し，動力を伝達する装置である。V溝側面の接触摩擦力を利用するので接触面積が大きく，また，くさび効果により，溝にベルトがしっかりと食い込み，接触圧力も高くなるため，すべりが少なく伝達効率が高い伝達装置である。

一般用Vベルトは**表 4.2**に示すように，断面寸法により6種類がJISに規格化されている。また，Vプーリに関してもJIS 1854に規定されている。ま

表 4.2 　一般用 V ベルトの断面形状と基準寸法〔mm〕

種類	b_t	h	$α_b$〔deg.〕	引張強さ〔kN〕
M	10.5	5.5	40	1.2 以上
A	12.5	9.0		2.4 以上
B	16.5	11.0		3.5 以上
C	22.0	14.0		5.9 以上
D	31.5	19.0		10.8 以上
E	38.0	24.0		14.7 以上

(JIS K 6323)

表 4.3 　細幅 V ベルト

種類	a 〔mm〕	b 〔mm〕	$θ$ 〔°〕	引張強さ〔kN〕
3 V	9.5	8.0	40	2.45 以上
5 V	16.0	13.5	40	5.39 以上
8 V	25.5	23.0	40	12.7 以上

(JIS K 6368-1977)

た，表 4.3 に示すように，一般用 V ベルトに比べて幅が狭く，厚みを大きくした細幅 V ベルトが，寿命や高速運転の点で優れているため，広く用いられている。

V ベルトは，綿糸をゴムで包んで強化した継目なしの環状ベルトで，傾斜角 a は 40° である。また，柔軟性があるので，小さい径の V プーリにも使用することができるため，軸間距離が小さく，速度比が大きい場合にも使うことができる。

4.4.2　V ベルトに作用する力

V ベルトが半径 r のプーリに，図 4.11 に示すように巻掛けられている場合に作用する力を考える。ベルトの引張側の張力を T_t，緩み側の張力を T_s とすると，有効張力 T_e は，以下のようになる。

$$T_e = T_t - T_s \tag{4.23}$$

また，ベルトとプーリの接触範囲を示すプーリの中心角 $θ$ を接触角（巻掛

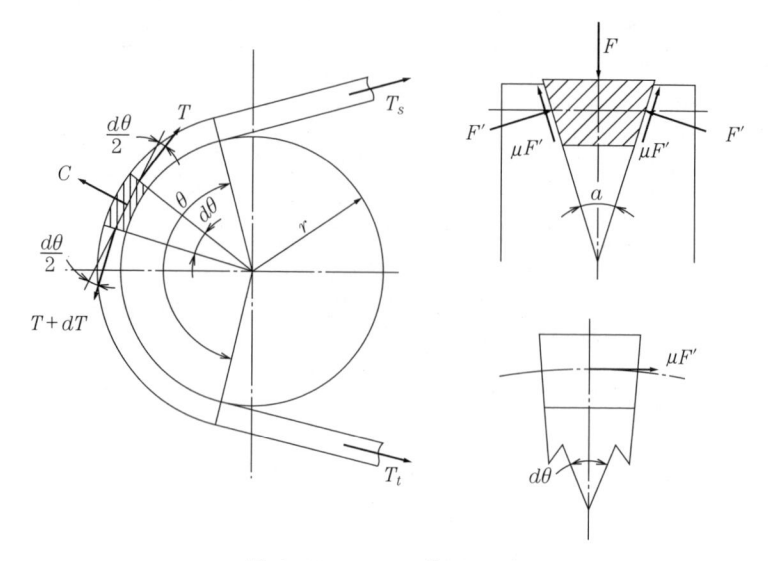

図 4.11 ベルトに作用する力

け角）といい，伝達動力を高くするには有効張力，接触角を大きくする。

図に示すようにピッチ円上のベルトの微小部分（中心角 $d\theta$）における力の関係を考える。微小部分がプーリに押しつけられる力 F はつぎのようになる。

$$F = 2\left(F'\sin\frac{\alpha}{2} + \mu F'\cos\frac{\alpha}{2}\right) \qquad (4.24)$$

ただし

　　F'：ベルト側面に直角に作用する力

　　μ：ベルトとプーリの間の摩擦係数

　　α：プーリ溝角度

また，微小部分の法線方向の力の釣合いから，以下の式が成り立つ。

$$(T+dT)\sin\frac{d\theta}{2} + T\sin\frac{d\theta}{2} = F + C \qquad (4.25)$$

ただし

　　T：張力（緩み側），$T+dT$：張力（引張側）

　　C：遠心力

$$C = mrd\theta \frac{v^2}{r} = mv^2 d\theta \tag{4.26}$$

m：ベルトの単位長さ当りの質量

v：ベルトの速度

ベルトの速度があまり速くなると，ベルトが遠心力の影響により浮き上がってしまうので，速度には限界がある。

つぎに，微小部分の円周方向の力の釣合いから，以下の式が成り立つ。

$$(T+dT)\cos\frac{d\theta}{2} = T\cos\frac{d\theta}{2} + 2\mu F' \tag{4.27}$$

$d\theta$ が微小のとき

$$\sin\frac{d\theta}{2} = \frac{d\theta}{2}, \quad \cos\frac{d\theta}{2} = 1 \tag{4.28}$$

と考えることができるので，式（4.25）と式（4.27）は以下のようになる。

$$Td\theta = F + C \tag{4.29}$$

$$dT = 2\mu F' \tag{4.30}$$

となり，つぎのように整理できる。

$$dT = \frac{F\mu}{\sin\frac{\alpha}{2} + \mu\cos\frac{\alpha}{2}} = \mu' F \tag{4.31}$$

ここで

$$\mu' = \frac{\mu}{\sin\frac{\alpha}{2} + \mu\cos\frac{\alpha}{2}} \tag{4.32}$$

式（4.31）に式（4.29）を代入すれば，最終的に式（4.33）を得る。

$$\frac{dT}{T - mv^2} = \mu' d\theta \tag{4.33}$$

また，接触角 θ について積分すると

$$\int_0^\theta \mu' d\theta = \int_{T_s}^{T_t} \frac{dT}{T - mv^2}$$

$$\frac{T_t - mv^2}{T_s - mv^2} = e^{\mu'\theta} \tag{4.34}$$

有効張力 T_e は以下のように求めることができる。
$$T_e = T_t - T_s = mv^2 - T_s + (T_s - mv^2)e^{\mu'\theta} = (T_s - mv^2)(e^{\mu'\theta} - 1)$$

または

$$T_e = \{mv^2 + (T_t - mv^2)e^{-\mu'\theta} - mv^2\}(e^{\mu'\theta} - 1)$$
$$= (T_t - mv^2)\frac{e^{\mu'\theta} - 1}{e^{\mu'\theta}} \tag{4.35}$$

また，ベルトがプーリに与える伝達動力 P は，有効張力 T_e と速度 v からつぎのように求めることができる。

$$P = T_e \cdot v = v(T_t - mv^2)\frac{e^{\mu'\theta} - 1}{e^{\mu'\theta}} \tag{4.36}$$

さらに，P を最大にする v の値は

$$\frac{dP}{dv} = 0 \tag{4.37}$$

となる。v を求めればよいので，式 (4.38) となる。このときが最も伝達効率が良くなる。

$$v = \sqrt{\frac{T_t}{3m}} \tag{4.38}$$

例題 4.3 V ベルトを用いた巻掛け伝動において，駆動側プーリと従動側プーリの直径が等しい場合，張力比 (T_t/T_s) を求めよ。ただし，摩擦係数 $\mu = 0.3$，プーリ溝角度 $\alpha = 34°$ とし，ベルトに作用する遠心力の効果は無視する。

【解答】 二つのプーリが同径であるので，接触角（巻掛け角）は π となる。
したがって

$$\mu' = \frac{\mu}{\sin\frac{\alpha}{2} + \mu\cos\frac{\alpha}{2}} \fallingdotseq 0.52$$

遠心力を無視すれば

$$\frac{T_t}{T_s} = e^{\mu'\theta} = e^{0.52\pi} \fallingdotseq 5.12$$

◇

4.5 ロープ伝動

ロープ伝動装置とは，図 **4.12** に示すように，綱車にロープを巻き付けてくさび作用により大きな摩擦力を生じさせ，動力を伝達する伝動装置である。綱車は溝の角度 $\theta=30°\sim45°$ の溝が付けられており，一般に綱車の直径は，ロープの直径の 30 倍以上とする。ロープの本数を増加させれば大きな動力の伝達も可能である。ロープはほぼ円形断面をしており，綿ロープ，麻ロープ，ワイヤロープの 3 種類がある。綿ロープと麻ロープは繊維を Z より（左より）によった糸を作り，数本か数百本のこの糸を S より（右より）によって 1 本のストランドを作る。さらに，3 本または 4 本のストランドを Z よりによりあわせて作ったものである。ワイヤロープは数本〜数十本の素線をよりあわせてストランドを作り，油を浸み込ませた麻心のまわりに普通 6 本のストランドをよりあわせて作られる。

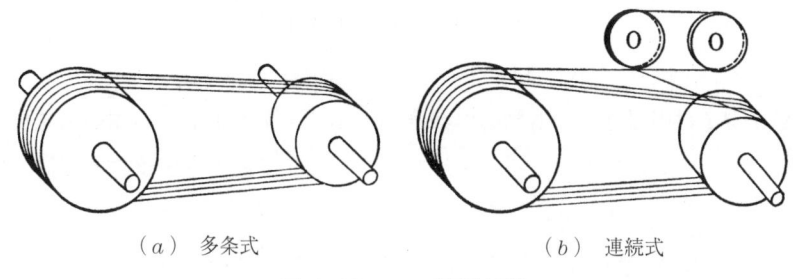

（a） 多条式　　　　　　　　（b） 連続式

図 **4.12** ロープ伝動装置

図 **4.13** に示すように，ロープのよりとストランドのよりが，反対である普通よりと同方向の共よりがあり，いずれも Z よりと S よりがある。普通よりはもつれないので取り扱いやすいが，耐久性が低い。共よりはよりが戻りやすく，また，もつれやすいが，柔軟性があるので寿命が長い。

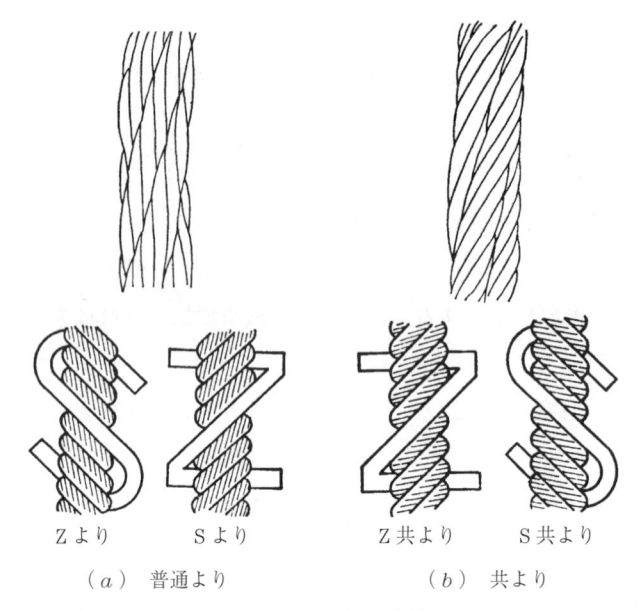

Zより　Sより　　　Z共より　S共より
（a）普通より　　　（b）共より

図 *4.13*　よりの種類

4.6 歯付きベルト伝動

図 *4.14* に歯付きベルト伝動の概念図を示す。平ベルトの内側に歯を付けたベルトを外周に歯を有するプーリにかみ合わせて動力を伝達する装置である。用途によってはタイミングベルトと呼ぶこともある。

ベルトに施されている歯とプーリの歯がかみ合っているために，スリップを

歯付きベルト
歯付きプーリ

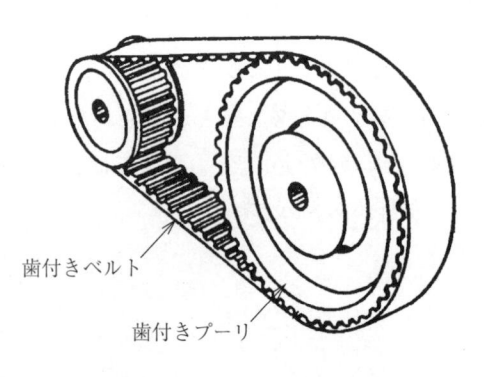

図 *4.14*　歯付きベルト伝動装置

起こさずに高いトルクの動力を大きな減速比で伝達することができる。また，軽量で静かな運転が可能であるので，OA機器，家電製品，自動車，自転車などに広く用いられている。**表4.4**に示すように，XL, L, H, XH, XXH の5種類があり，順にピッチが大きくなり，伝達動力が大きくなる。

表4.4 一般歯付きベルトの種類

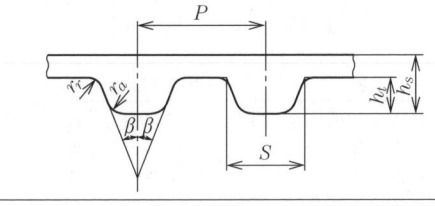

記号	種類				
	XL	L	H	XH	XXH
P [mm]	5.080	9.525	12.700	22.225	31.750
2β [°]	50	40	40	40	40
S [mm]	2.57	4.65	6.12	12.57	19.05
h_t [mm]	1.27	1.91	2.29	6.35	9.53
h_s [mm]	2.3	3.6	4.3	11.2	15.7
r_r [mm]	0.38	0.51	1.02	1.57	2.29
r_a [mm]	0.38	0.51	1.02	1.19	1.52

(JIS K 6372-1995)

4.7 ローラチェーン伝動

4.7.1 ローラチェーン伝動の特徴

チェーン伝動とは，図**4.15**に示すようにチェーンをスプロケットに巻掛けて回転動力を伝達する仕組みである。チェーンは摩擦伝動装置と比べてすべりがないので，確実な速度比で大きな動力伝達が可能である。チェーン伝動の長所を**表4.5**に示す。ただし，高速運転時には重量があるため振動が発生しやすいという欠点がある。なお，チェーンはベルトと異なり，上側が引張側，下側が緩み側となるようにする。

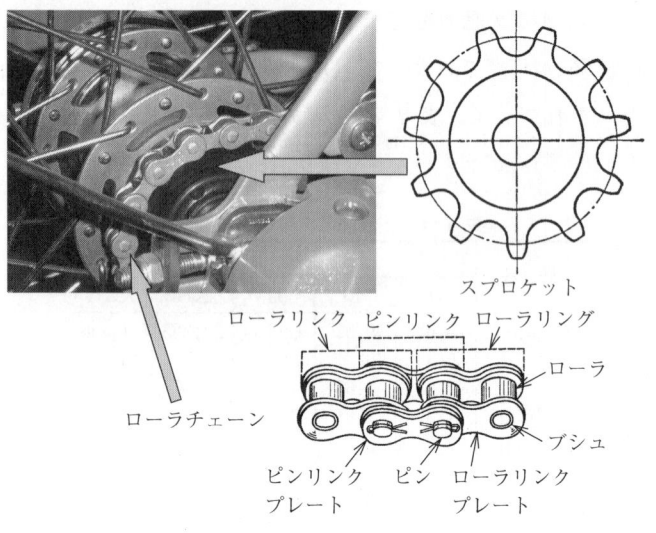

図 4.15 チェーン伝動装置

表 4.5 チェーン伝動の長所

①	すべりがなく確実な速度比で大きな動力伝達が可能
②	初張力が必要ないため軸受に余計な負荷がかからない
③	軸間距離を大きくとれ，多軸同時駆動が可能
④	保守が容易，耐久性が高い

4.7.2 ローラチェーンの構造

図 4.16 に最も広く用いられているローラチェーンの構造を示す。これらは，JIS または ISO により規格化されている。表 4.6 にローラチェーンの種類と呼び番号を示した。ローラチェーンは，外リンクと内リンクを交互に接続して鎖状にしている。外リンクは2本のピンを2枚のプレートに圧入して構成している。また，内リンクは2枚のプレートの圧入されたブッシュの外側に自由に回転できるローラをはめ込んだ構造にしている。外リンクと内リンクを組み合わせて輪状に接続し，契合に用いられるのが，継手リンクである。また，全体のリンクの個数が奇数になるときは，オフセットリンクを使用する。

4.7 ローラチェーン伝動

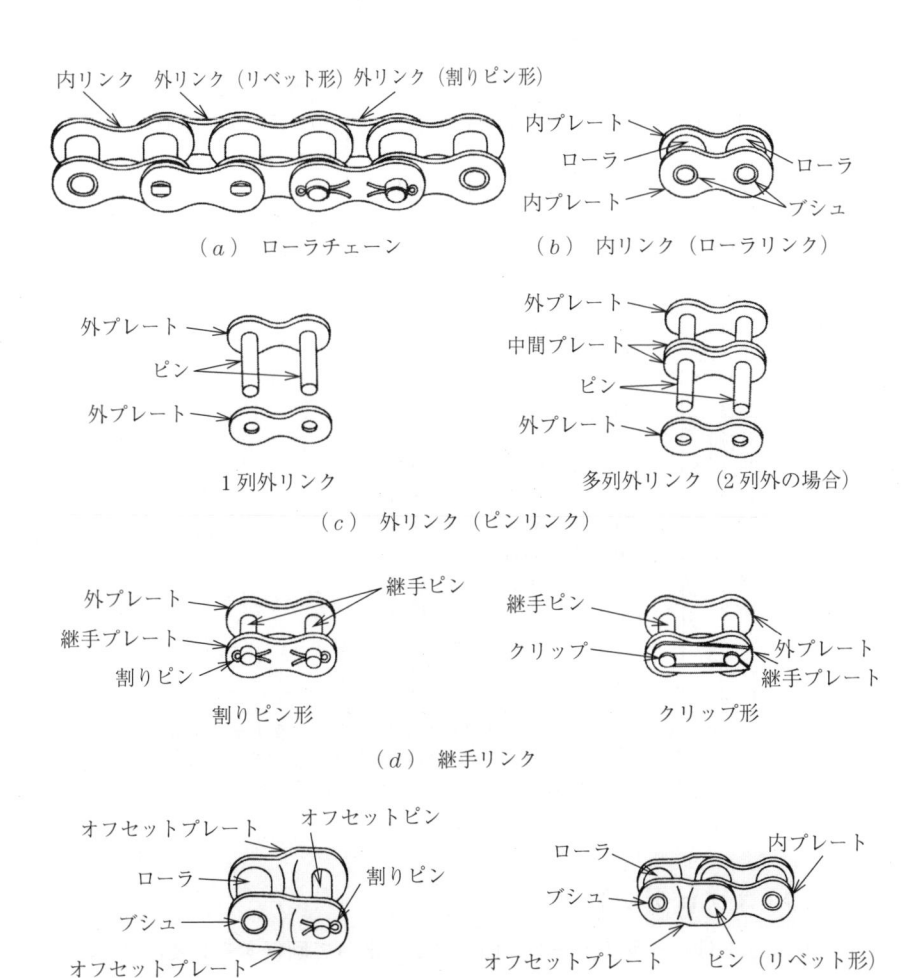

(a) ローラチェーン

(b) 内リンク（ローラリンク）

(c) 外リンク（ピンリンク）

1列外リンク　　　　　多列外リンク（2列外の場合）

(d) 継手リンク

割りピン形　　　　　クリップ形

(e) オフセットリンク

1ピッチ形　　　　　2ピッチ形

図 4.16　ローラチェーンの構造

表 4.6 ローラチェーンの種類と呼び番号

ピッチ（基準値）〔mm〕	呼び番号 A系ローラチェーン		B系ローラチェーン*	チェーンの形式
	1種	2種*		
6.35	25	04 C	—	ブシュチェーン
9.525	35	06 C	—	(ローラのないもの)
8.	—	—	05 B	ローラチェーン
9.525	—	—	06 B	
12.7	—	—	081	
12.7	—	—	083	
12.7	—	—	084	
12.7	41	085	—	
12.7	40	08 A	08 B	
15.875	50	10 A	10 B	
19.05	60	12 A	12 B	
25.4	80	16 A	16 B	
31.75	100	20 A	20 B	
38.1	120	24 A	24 B	
44.45	140	28 A	28 B	
50.8	160	32 A	32 B	
57.15	180	36 A	—	
63.5	200	40 A	40 B	
76.2	240	48 A	48 B	
88.9	—	—	50 B	
101.6	—	—	64 B	
114.3	—	—	72 B	

(注)＊ A系ローラチェーンの2種およびB系ローラチェーンは，ISO 606 および ISO 1395 の呼び番号に一致している。なお ISO 1395 は，ブシュチェーンの2品種だけである。

4.7.3 スプロケット

スプロケットはローラチェーンに円滑にかみあって回転する必要があり，一つの歯に荷重がかかることがないように，チェーンとピッチが一致している。**表 4.7** にスプロケットの基準寸法を示す。歯形は ASA 歯形と呼ばれる歯形が多く用いられている。歯の数は，10 より少ないと運動の円滑性を欠くため，これ以上とし，摩耗を均一にするためになるべく奇数の歯数とする。

表 4.7 スプロケットの基準寸法

項　目	計算式
ピッチ円直径 (D_p)	$D_p = \dfrac{p}{\sin\dfrac{180°}{z}}$
外　径 (D_0)	$D_0 = p\left(0.6 + \cot\dfrac{180°}{z}\right)$
歯底円直径 (D_B)	$D_B = D_p - d_1$
歯底距離 (D_C)	$D_C = D_B$ （偶数歯） $D_C = D_p \cos\dfrac{90°}{z} - d_1$ （奇数歯） $ = p\dfrac{1}{2\sin\dfrac{180°}{2z}} - d_1$
最大ボス直径および 最大溝直径 (D_H)	$D_H = p\left(\cot\dfrac{180°}{z} - 1\right) - 0.76$

ここに，p：ローラチェーンのピッチ，d_1：ローラチェーンのローラ外径，z：歯数

(JIS B 1802-1997)

（1列の場合）　（2列以上の場合）

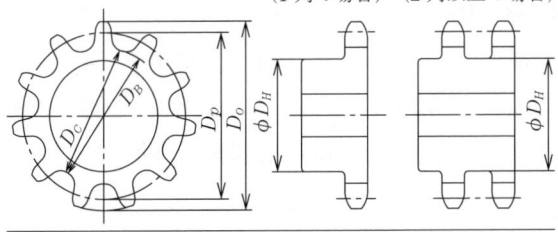

4.7.4　速　度　比

速度比は，通常7程度とする。原動側と従動側のスプロケットの回転数を n_1, n_2 〔rpm〕，歯数を z_1, z_2 とすると，速度比 i は以下のようになる。

$$i = \frac{n_1}{n_2} = \frac{z_2}{z_1} \tag{4.39}$$

また，ローラチェーンの平均速度 v 〔m/s〕は，チェーンのピッチ p 〔mm〕とすれば，以下のように求めることができる。

$$v = \frac{z_1 n_1 p}{60 \times 1\,000} = \frac{z_2 n_2 p}{60 \times 1\,000} \tag{4.40}$$

一般的に，ローラチェーンの速度 v 〔m/s〕は，1～4〔m/s〕とし，最大でも 10〔m/s〕を超えないようにする。

4.7.5 チェーンの長さ

スプロケットの軸間距離はローラチェーンのピッチの 30～50 倍程度とするのが一般的である。したがって，チェーンの長さはその範囲で決定される。チェーンのリンクの数 N は以下のように求めることができる。

$$N = \frac{2a}{p} + \frac{1}{2}(z_1 + z_2) + \frac{p(z_2 - z_1)^2}{4\pi^2 a} \tag{4.41}$$

ここで，p はピッチ，a は原動軸と従動軸の軸間距離である。

よって，チェーンの長さ L は，以下のように求めることができる。

$$L = N \times p \tag{4.42}$$

4.7.6 伝達動力

伝達動力 P〔kW〕は，チェーンに作用する荷重 F〔kN〕とチェーンの速度 v〔m/s〕の積により求めることができる。チェーンの緩み側の張力を 0，引張側の張力を T〔kN〕とし，遠心力の影響を無視すれば

$$F = T \tag{4.43}$$

とすれば

$$P = Fv = Tv \tag{4.44}$$

となる。

実際には，安全率を考慮してチェーンの選定を行うことになる。

4.8 サイレントチェーン伝動

4.8.1 サイレントチェーンの特徴

図 4.17 に，サイレントチェーンの構成を示す。スプロケットの歯をリンクプレートが挟むようにして回転が伝動されるために，運転がスムーズで音の

4.8 サイレントチェーン伝動

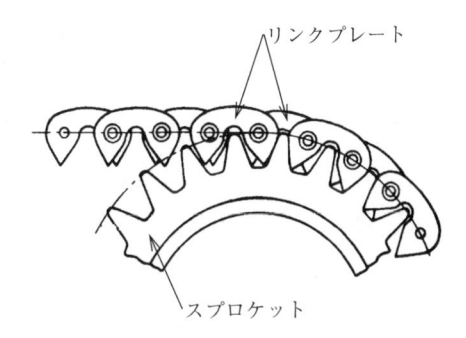

図4.17 サイレントチェーン

発生が少ない。

4.8.2 サイレントチェーンの構造

図4.18にリンクの形状を示す。図(a)のリンクを図(c)のスプロケ

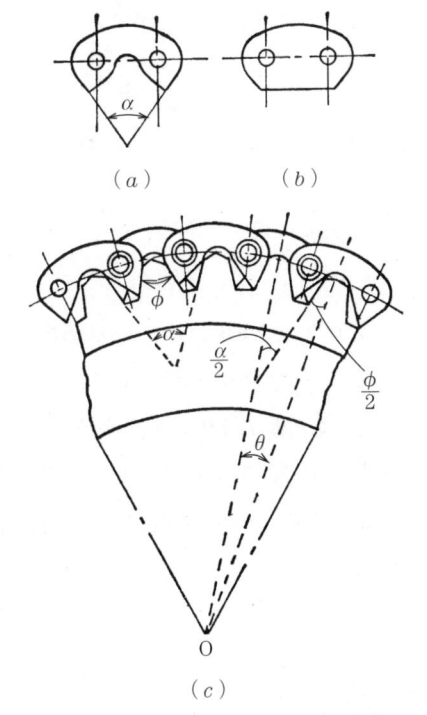

図4.18 サイレントチェーンの
リンクの形状

ットに掛けて用いるが，その際に横に移動して外れる可能性があるため，図 (b) のような案内リンクを両側もしくは中央に入れて，チェーンが移動して外れるのを防ぐようにしている。

リンクの角 α は面角と呼ばれ，52°，60°，70°，80° が用いられる。歯数を z とすると，一つの歯の両側面の角 ϕ は，以下のようになる。

$$\frac{\alpha}{2}=\frac{\phi}{2}+\theta=\frac{\phi}{2}+\frac{2\pi}{z} \tag{4.45}$$

$$\therefore \quad \phi=\alpha-\frac{4\pi}{z} \tag{4.46}$$

4.8.3 速度比

サイレントチェーンを用いる際には，速度比 i を 10 程度以下で用いるようにする。速度比は，以下のように求めることができる。

$$i=\frac{n_1}{n_2}=\frac{z_2}{z_1} \tag{4.47}$$

ただし，原動側と従動側のスプロケットの回転数を n_1，n_2 〔rpm〕，歯数を z_1，z_2 とする。

チェーンの速度を v とすると

$$v=n \cdot z \cdot p \tag{4.48}$$

となる。ただし，n はスプロケットの回転数，z は歯数，p はチェーンのピッチとする。この速度は，チェーンの平均速度である。実際にはスプロケットにチェーンが巻き付くときには，図 **4.19** に示すように，ちょうど多角形の車にベルトを掛けたようになるので，スプロケットの半径が周期的に変化し，スプロケットの回転数が一定でもチェーンの速度は周期的に変化している。

ピッチ円直径を D とすると

$$r_{\max}=\frac{D}{2} \tag{4.49}$$

$$r_{\min}=\frac{D}{2}\cos\frac{\pi}{z} \tag{4.50}$$

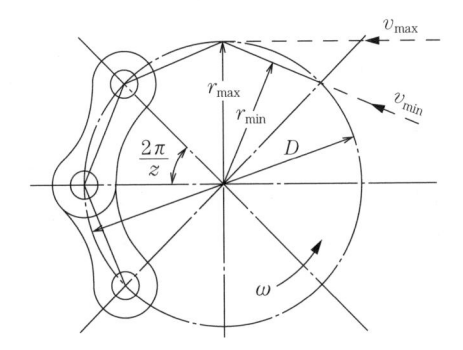

図4.19 スプロケットとチェーンの巻付き

であるから，スプロケットの角速度を ω とすると，チェーンの速度は以下のようになる。

$$v_{\max} = \frac{D}{2}\omega \tag{4.51}$$

$$v_{\min} = \frac{D}{2}\omega \cdot \cos\frac{\pi}{z} \tag{4.52}$$

この速度の周期的変動は，振動や騒音につながるため，小さくする必要がある。

例題 4.4 ピッチが 25.4 mm，スプロケットの歯数が 28 枚，800 rpm で等速回転しているチェーンの速度を求めよ。

【解答】 チェーンの平均速度 v は

$$v = \frac{z \cdot n \cdot p}{60 \times 1\,000} = \frac{28 \times 800 \times 25.4}{60 \times 1\,000} \fallingdotseq 9.48 \text{ m/s}$$

チェーンの最大速度 $v_{\max}$ と最小速度 $v_{\min}$ は

$$v_{\max} = \frac{d_p}{2}\omega$$

$$v_{\min} = \left(\frac{d_p}{2}\cos\frac{\pi}{z}\right)\omega = v_{\max}\cos\frac{\pi}{z}$$

ここで，ω はスプロケットの角速度，d_p はピッチ円直径である。

$$d_p = \frac{p}{\sin\frac{\pi}{z}} = \frac{25.4}{\sin\frac{\pi}{28}} \fallingdotseq 226.9 \text{ mm}$$

$$v_{\max} = \frac{d_p}{2}\omega = d_p \cdot \pi \cdot n = \frac{226.9}{1\,000} \times \pi \times \frac{800}{60} = 9.50 \text{ m/s}$$

$$v_{\min}=\left(\frac{d_p}{2}\cos\frac{\pi}{z}\right)\omega=v_{\max}\cos\frac{\pi}{z}=9.50\times\cos\frac{\pi}{28}=9.44\,\mathrm{m/s} \qquad \diamondsuit$$

4.8.4 チェーンの張力

リンクプレートの最大張力は，**図 4.20** に示す最初のリンクプレートに働き，各リンクプレートの張力は，公比 $\sin\phi/\sin(\phi+\alpha)$ を持って減少し，以下のようになる．

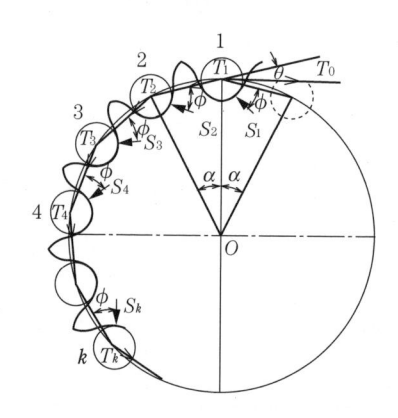

図 4.20 リンクプレートの張力

$$T_1=\frac{\sin(\phi+\alpha-\theta)}{\sin(\phi+\alpha)}\cdot T_0 \qquad (4.53)$$

$$T_k=\frac{\sin\phi}{\sin(\phi+\alpha)}\cdot T_{k-1} \qquad (4.54)$$

$$=\left\{\frac{\sin\phi}{\sin(\phi+\alpha)}\right\}^{(k-1)}\cdot\frac{\sin(\phi+\alpha-\theta)}{\sin(\phi+\alpha)}\cdot T_0 \qquad (4.55)$$

4.8.5 ベルトの長さ

ベルトの長さは，オープンベルトのベルト伝動に準じて考えればよい．原動側プーリと従動側プーリの直径を D_1，D_2 とし，プーリの中心間距離（軸間距離）を a とすれば，以下のようになる．

$$L=2a+\frac{\pi}{2}(D_1+D_2)+\frac{(D_2-D_1)^2}{4a} \qquad (4.56)$$

4.9 巻掛け伝動装置の実施例

　自動車のガソリン機関では，シリンダへ混合ガスを送り込み燃焼させた後，排気するために弁をしかるべきタイミングで開閉する必要がある．**図 4.21**，**4.22** ガソリン機関の歯付きベルトを示す．弁の開閉動作は，クランク軸の回転に同期してクランク軸からカム軸を駆動して行う．この開閉を行うためにローラチェーン（**図 4.23**），サイレントチェーン，最近では図のように静音化のために歯付きベルトが広く用いられている．

　また，工作機械ではベルト伝動が広く用いられている．**図 4.24**，**4.25** には，ボール盤の適用例を示す．ドリルの回転数は，ベルトの掛け替えによって速度比を変えて行うようになっている．また，**図 4.26** には，のこ盤のベルト伝動装置を示す．

　産業用機械にも，広く用いられている．**図 4.27** に，圧縮空気を作るコンプレッサを示す．また，**図 4.28** には小型圧縮機用 V プーリ，**図 4.29** には，V プーリが取り付けられたギアポンプを示す．

図 **4.21**　ガソリン機関の歯付きベルト（1）

116   4. 巻掛け伝動機構

図 4.22 ガソリン機関の歯付きベルト（2）

図 4.23 ガソリン機関のローラチェーン

4.9 巻掛け伝動装置の実施例　　117

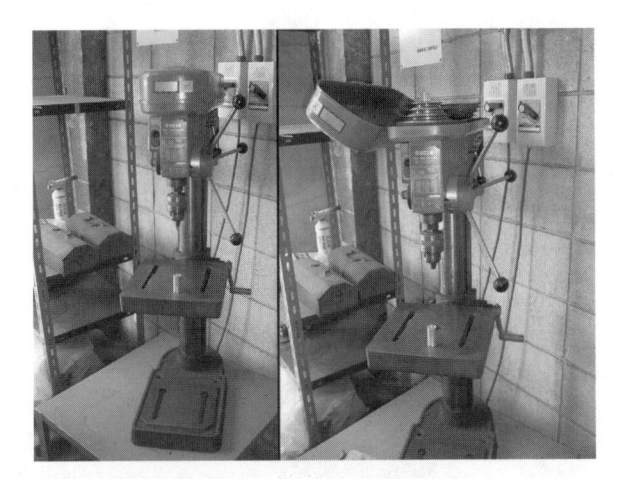

図 4.24　ボール盤の V ベルト伝動装置（1）

図 4.25　ボール盤の V ベルト
　　　　　伝動装置（2）

図 4.26　のこ盤の V ベルト伝動装置

118   4. 巻掛け伝動機構

図 4.27 コンプレッサ

図 4.28 小型圧縮機

図 4.29 ギアポンプ

　このように，巻掛け伝動機構は，身近な機械から産業用機械，大型機械から小型の機械まで広く用いられている。巻掛け伝動機構を用いる際には，その特徴をよく理解し，目的に適合したものを選ぶようにする。

演 習 問 題

【1】 平ベルト伝動装置において，駆動側プーリの直径 160 mm，従動側ベルト車 220 mm，ベルトの厚さ 4 mm とする。駆動側プーリの回転数を 600 rpm としたとき，従動側プーリの回転数はいくらになるか求めよ。ただし，すべりはないものとする。

【2】 プーリの中心間距離 3 m，駆動側プーリ直径 600 mm，従動側プーリの直径 300 mm のベルト伝動装置において，接触角（巻掛け角）を求めよ。

【3】 V ベルト伝動装置のベルトとプーリの摩擦係数 $\mu=0.35$ とすると，プーリの溝角度 $\alpha=34°, 36°, 38°$ の各場合の見掛けの摩擦係数 μ' を求めよ。

【4】 駆動側プーリのピッチ径 $d_1=100$ mm,回転数 1 800 rpm,ベルトの接触角 150° の V ベルト伝動装置において,2.5 kW の動力を伝達するときのベルトの本数を求めよ。ただし,ベルトとプーリの間の摩擦係数 $\mu=0.3$,一般用 V ベルト A 種（質量は 0.12 kg/m）を用いる。また,プーリ溝角度 $\alpha=34°$,ベルトの安全率は 10 とする。

5

歯 車 装 置

　歯車は，エンジンやモータなどの動力源（アクチュエータ）で作り出された回転数とトルクを変換して負荷をうまく動かすために多用される伝動機構の代表的なものである。歯車装置は，普通はケーシングの中にコンパクトに入れられているので，むき出しの歯車どうしがかみ合っているのを見ることはめったにないが，自動車の変速機（トランスミッション）を始めとして，回転運動のあるところではいたるところで使われている「縁の下の力持ち」である。

5.1　歯車装置の基本

　歯車装置の二大目的は，**回転数**と**トルク**を変換することである。一般にエンジンなどの動力源では低回転数で高トルクを発生することはできず，回転数・トルク線図などの性能図に見られるように，高パワーを発生できるような最適な回転数とトルクの組が存在する。最適な回転数以外でもこの高パワーを外に取り出して仕事をさせるには，動力源は最適な回転数とトルクで運転させておいて，歯車装置を介して必要な回転数とトルクに変換すればよい。本節では歯車装置の基本である速比とかみあいピッチ円の式を示し，いろいろな歯車の分類を示す。

5.1.1　速　　　比

　いま，図 *5.1* のように平行な二軸があって，一方の軸からもう一方の軸へ歯車によって回転運動を伝達する場合を考える。駆動する側の**原動車**の**歯数**と

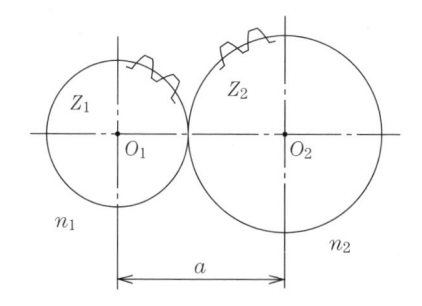

図5.1 速比と歯数

回転数をおのおの Z_1, n_1, 駆動される側の**従動車**の歯数と回転数をおのおの Z_2, n_2 とすると

$$u \equiv \frac{n_2}{n_1} = \frac{Z_1}{Z_2} \tag{5.1}$$

なる u を**速比**という。多くの場合，歯車を減速して使用するので，その場合は速比 $u<1$ である。速比の逆数 $r \equiv 1/u$ を**減速比**ともいう。

例題 5.1 速比 $u=0.3$ の歯車で，原動歯車の歯数 Z_1 を 27 とすると従動歯車の歯数 Z_2 はいくらか。

【解答】 速比の式より

$$u \equiv \frac{n_2}{n_1} = \frac{Z_1}{Z_2}$$

ここで，u, Z_1 が与えられており，Z_2 が未知であるから，上式を Z_2 について解き

$$Z_2 = \frac{Z_1}{u} = \frac{27}{0.3} = 90 \qquad \diamondsuit$$

例題 5.2 速比 $u=0.5$ で，原動車の回転数 $n_1=100\,\mathrm{rpm}$ とすると，従動車の回転数 n_2 はいくらか。

【解答】 速比の式より

$$n_2 = n_1 u = 100 \times 0.5 = 50\,\mathrm{rpm} \qquad \diamondsuit$$

5.1.2 かみあいピッチ円

図 5.1 に示した歯車と同じ速比 u の回転の伝動を，図 5.2 に示すように中心距離 a を変えずに，一対の仮想的な摩擦車で行うとする。摩擦車の半径を r_{b1}, r_{b2} とすると次式が成立する。

$$r_{b1} + r_{b2} = a \tag{5.2}$$

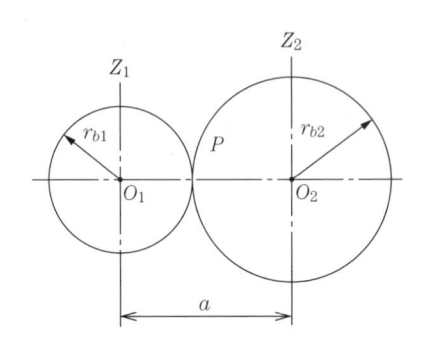

図 5.2 かみあいピッチ円

また，両方の摩擦車がころがり接触する点を P とすると，点 P でおのおのの摩擦車上の点の速度は同じであるから

$$r_{b1}\omega_1 = r_{b2}\omega_2, \quad \therefore \quad u = \frac{n_2}{n_1} = \frac{\omega_2}{\omega_1} = \frac{r_{b1}}{r_{b2}} = \frac{Z_1}{Z_2} \tag{5.3}$$

したがって，式 (5.2)，(5.3) を未知数が (r_{b1}, r_{b2}) の連立方程式と見なして解くと次式を得る。

$$r_{b1} = \frac{Z_1}{Z_1 + Z_2} a \tag{5.4}$$

$$r_{b2} = \frac{Z_2}{Z_1 + Z_2} a \tag{5.5}$$

このように，一対の歯車において，歯車と同じ速比 u と中心距離 a を有する，一対の仮想的な摩擦車をその歯車の**かみあいピッチ円筒**と呼ぶ。図 5.2 のようにかみあいピッチ円筒の回転軸に直交する断面を**かみあいピッチ円**といい，その半径 r_{b1}, r_{b2} をかみあいピッチ円半径という。また，一対の仮想的な摩擦車がころがり接触する点 P を**かみあいピッチ点**，または単に**ピッチ点**という。一対の歯車を略画的に描くときには，歯形を描かずに単にかみあいピ

ッチ円だけを描くことも多い。

例題 5.3 中心距離 $a=130$ mm，歯数 $Z_1=20$，$Z_2=45$ の一対の歯車のかみあいピッチ円半径 r_{b1}，r_{b2} を求めよ。

【解答】 かみあいピッチ円の公式より

$$r_{b1} = \frac{Z_1}{Z_1+Z_2}a = \frac{20}{20+45} \times 130 = 40 \text{ mm}$$

$$r_{b2} = \frac{Z_2}{Z_1+Z_2}a = \frac{45}{20+45} \times 130 = 90 \text{ mm}$$

または

$$r_{b2} = a - r_{b1} = 130 - 40 = 90 \text{ mm} \qquad \diamondsuit$$

5.1.3 平歯車とはすば歯車

一対の円筒歯車がたがいにかみあうとき，相手歯車と実際に接触するのは**図 5.3** に示す**歯面**と呼ばれる歯の一部である。図で，歯面とピッチ円筒面との交線 PP' を**歯すじ**と呼ぶ。歯すじが歯車軸と平行な円筒歯車を**平歯車**（spur gear）という。円筒歯車には，平歯車のほかに，歯すじがピッチ円筒面上のつるまき線（ら線）となる，**はすば歯車**（helical gear）がある。歯車軸心と歯すじによるいろいろな歯車の種類を**図 5.4** に示す。

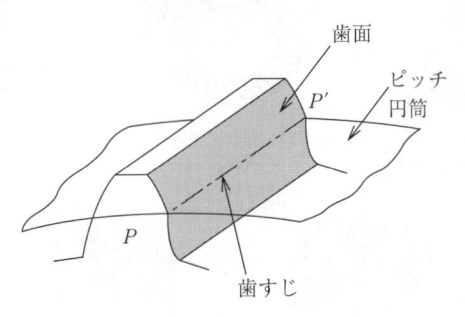

図 5.3 歯面と歯すじ

5. 歯車装置

平歯車（spur gear）
　小歯車（pinion）
　大歯車（gear）

はすば歯車（helical gear）

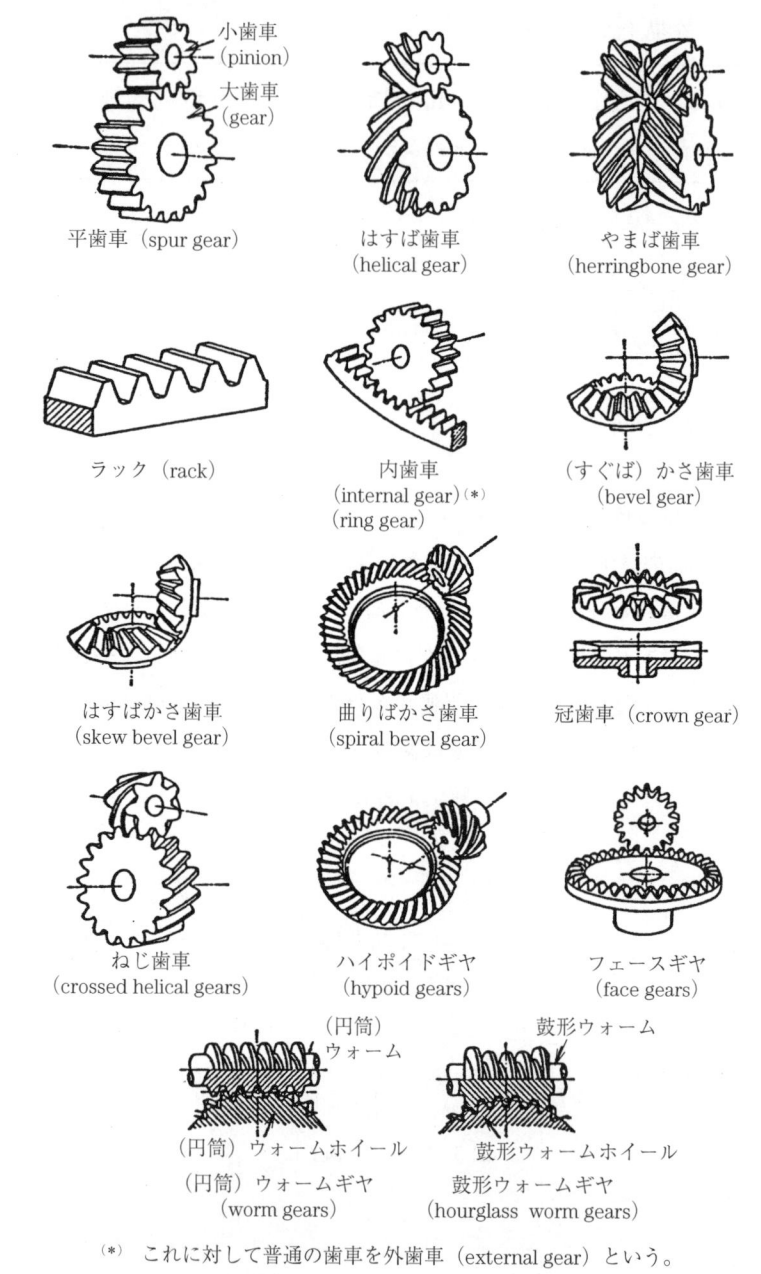

やまば歯車（herringbone gear）

ラック（rack）

内歯車（internal gear）(*)
（ring gear）

（すぐば）かさ歯車（bevel gear）

はすばかさ歯車（skew bevel gear）

曲りばかさ歯車（spiral bevel gear）

冠歯車（crown gear）

ねじ歯車（crossed helical gears）

ハイポイドギヤ（hypoid gears）

フェースギヤ（face gears）

（円筒）ウォーム
（円筒）ウォームホイール
（円筒）ウォームギヤ（worm gears）

鼓形ウォーム
鼓形ウォームホイール
鼓形ウォームギヤ（hourglass worm gears）

(*) これに対して普通の歯車を外歯車（external gear）という。

図 5.4　歯車の種類（JIS B 0102 歯車用語より）

5.2 インボリュート平歯車

歯面の断面形状を歯形といい，歯形が表す曲線を**歯形曲線**という．ここでは，歯形曲線が**インボリュート**のインボリュート平歯車だけを扱う．本節では，インボリュート曲線の性質を示し，それを用いたインボリュート歯形とインボリュートカムを示し，インボリュート歯形の切削原理を示す．

5.2.1 インボリュート曲線

図 5.5 に示すように，糸巻円に仮想的な糸を巻きつけ，糸巻円は回さずに，糸をピンと引っ張ったまま，ほどいていくとき，糸先端 Q が描く曲線をインボリュート（正確には円インボリュート）といい，糸を巻きつけた糸巻円を**基礎円**という．

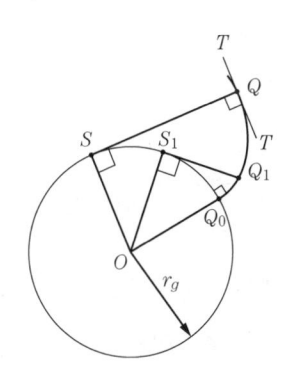

図 5.5 インボリュート曲線と基礎円

インボリュート曲線には，つぎのような性質がある．

（1）インボリュート曲線上の任意の点 Q における曲線の法線 $\overline{SQ}$ は基礎円に接する．この法線は基礎円に接するので，点 Q を通る仮想的な糸と重なっていることになる．点 Q における曲線の接線 TT と基礎円の接線 $\overline{SQ}$ はつねに垂直である．

特に，点 Q をインボリュート曲線の始点 Q_0 に近づけると $\overline{SQ}$ は Q_0 における基礎円の接線に限りなく近づくから，Q_0 におけるインボリュート曲線の接

線は基礎円に垂直になっている。つまり，インボリュート曲線は基礎円から垂直に出ている。

[(1) の証明]：点 Q でのインボリュート曲線の接線を表現するために，図 **5.6** のように $\overline{SQ}$ の仮想的な糸を少し基礎円に巻き付けて糸を $\overline{S_1 Q_1}$ にしたとする。点 S_1 から出て $\overline{SQ}$ に平行な直線とインボリュート曲線の交点を T とする。$\overline{Q_1 T}$ は点 Q_1 におけるインボリュート曲線の接線の近似であり，仮想的な糸 $\overline{S_1 Q_1}$ を再び少しほどいて，$\overline{SQ}$ にしたときに $\overline{Q_1 T}$ は点 Q での接線 $\overline{QT}$ に漸近する。$\overline{SQ}$ と $\overline{S_1 Q_1}$ はもともとピンと張った仮想的な糸であるから，基礎円半径に直角である。

$$\angle OSQ = \angle OS_1 Q_1 = 90°$$

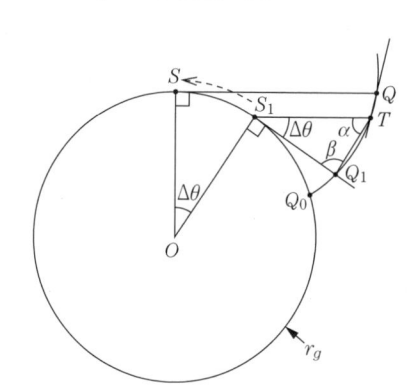

図 5.6 インボリュート曲線の近似接線

$\triangle S_1 T Q_1$ を考えると，点 S_1 を点 S に限りなく接近させることにより
$$\overline{S_1 T} \longrightarrow \overline{SQ}, \quad \overline{S_1 Q_1} = \widehat{S_1 Q_0} \longrightarrow \widehat{SQ_0} = \overline{SQ}$$
したがって，$\triangle S_1 T Q_1$ は $\overline{S_1 T} = \overline{S_1 Q_1}$ の二等辺三角形に近づく。

$$\Delta\theta \longrightarrow 0 \text{ より，} \alpha = \beta \longrightarrow 90°$$

ここで，$\alpha \to \angle SQT$ であるから，$\angle SQT = 90°$ である。したがって，基礎円の任意の接線（これは仮想的な糸である）は必ずインボリュート曲線の法線になっている。

((1) の証明終わり)

(2) 点 Q に立てた法線と基礎円との接点を点 S とし，基礎円上のインボ

リュート曲線の始点を Q_0 とすると

$$\widehat{SQ_0} = \overline{SQ} \tag{5.6}$$

である。

（3） したがって，図 5.7 に示すように，一つの基礎円から出ている複数のインボリュート曲線を考えるとき，そのうちの一つのインボリュート曲線の法線はほかのインボリュート曲線に対しても法線となっており

$$\overline{Q_1Q_2} = \widehat{Q_{01}Q_{02}}, \quad \overline{Q_2Q_3} = \widehat{Q_{02}Q_{03}} \tag{5.7}$$

である（なぜならば，性質（1）より点 Q_1 でのインボリュート曲線の法線 $\overline{SQ_1}$ は基礎円の接線になっていて，$\overline{SQ_1}$ を延長して他のインボリュート曲線と交わった点を点 Q_2 とすると，性質（1）より $\overline{SQ_2}$ は基礎円の接線ゆえ，点 Q_2 でのインボリュート曲線の法線にもなっているから）。

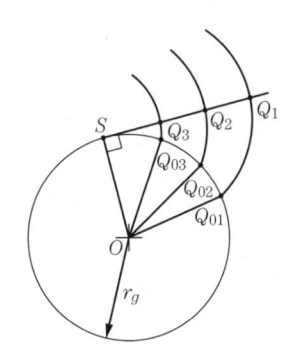

図 5.7　複数のインボリュート曲線

このとき，$\overline{Q_1Q_2}$, $\overline{Q_2Q_3}$ などはインボリュート曲線の法線上で測った隣接する二つのインボリュート曲線間の間隔である。インボリュート曲線上の別の点 Q_1' で測っても弧長 $\widehat{Q_{01}Q_{02}}$ は同じであるから，$\overline{Q_1Q_2} = \overline{Q_1'Q_2'}$ である。$\overline{Q_1Q_2}$ を**法線ピッチ** t_e という。

例題 5.4　図 5.5 で基礎円半径 $r_g = 30$ mm とする。$\angle SOQ_0 = 120°$ とすると $\overline{SQ}$ の長さはいくらか。

【解答】

$$\theta = \angle SOQ_0 = 120° = \frac{120}{180} \times \pi \,[\text{rad}] = \frac{2}{3}\pi \,[\text{rad}]$$

$$\overline{SQ} = \widehat{SQ_0} = r_g\theta = 30 \times \frac{2}{3}\pi = 62.831\,8 \,[\text{mm}] \qquad \diamondsuit$$

5.2.2 インボリュート歯形

歯形曲線としてインボリュートを用いるインボリュート歯車では，**図 5.8** (a) のように基礎円上にインボリュート曲線を等間隔に配置する．すなわち

$$\widehat{I_1 I_2} = \widehat{I_2 I_3} = \cdots$$

である．

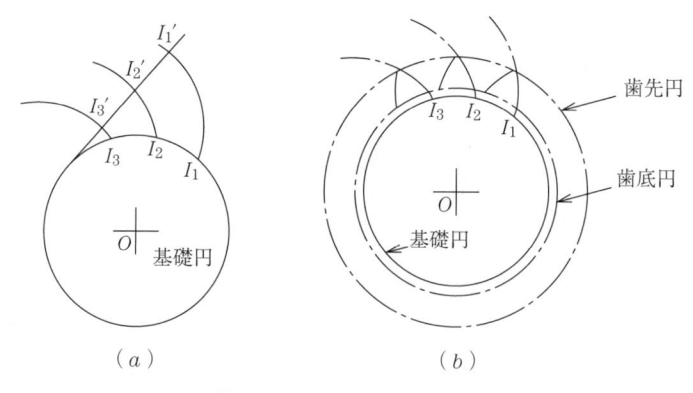

(a)   (b)

図 5.8 インボリュート歯形

つぎに，図 (b) のように基礎円と同心の二つの円で，実際に使用するインボリュート曲線の範囲を限定し，さらに逆転可能なように反対向きのインボリュート曲線も付け加えることによって，実線で描いたような歯形になる．

円弧長 $\widehat{I_1 I_2} = \widehat{I_2 I_3}$ などはインボリュート歯形を構成するインボリュート曲線の法線ピッチであるが，これをこの歯車の**法線ピッチ**と呼ぶ．

歯数 Z，基礎円半径 r_g，法線ピッチ t_e の間には

$$t_e = \frac{2\pi r_g}{Z}, \quad \text{または}, \quad 2\pi r_g = t_e Z \qquad (5.8)$$

の関係がある．

5.2.3 インボリュートカム

断面形状が図 5.9 のようなカムを考える。ここで，RQ は基礎円半径 r_g のインボリュート曲線とする。一方，基礎円への任意の接線 SS' と中心軸が一致し，かつ，運動方向がこの方向であるような従動子を考えると，その先端の接触部の平面 TT' は接触点 P で曲線に接するから，インボリュート曲線の性質から SS' に直交している。このカムを図 5.10 のように，基礎円中心 O まわりに右まわりに角度 θ rad だけ回転させたとき，従動子が右方に x だけ進んだとすると，インボリュート曲線の性質から

$$x = \widehat{R_1 R_2} = r_g \theta \quad (\Delta t \text{ 秒間で}) \tag{5.9}$$

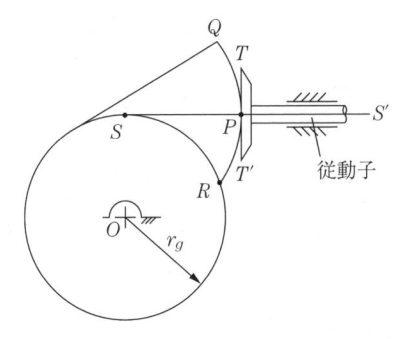

図 5.9 インボリュートカム

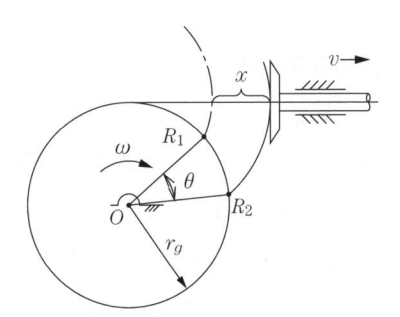

図 5.10 インボリュートカムと従動子の運動

式 (5.9) は任意の時間 Δt で成立しているから，両辺を Δt で割り，$\Delta t \to 0$ の極限をとっても成立する。したがって，基礎円を角速度 ω で右まわりに回転させると，従動子は右方に $v = r_g \omega$ で移動する。従動子の速度は，ちょうど基礎円に巻き付けた糸をピンと張りながら繰り出すときの糸先端の速度と同じである。

また，逆に図 5.9 の位置から，従動子をインボリュート曲面に接触させたまま，左方に速度 v で移動すると，基礎円は角速度 $\omega = v/r_g$ で左に回転する。

つぎに，このようなインボリュートカムを製作する方法を考える。図 5.11 に示すように，歯車を製作したい素材（ブランク，blank ともいう）の上に任

130　5. 歯車装置

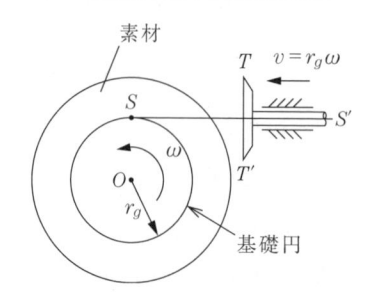

図 5.11 インボリュートカムの製作方法

意の大きさの所望の基礎円を（当然だが）仮想的に描き，従動子と同形の仮想の工具を，その中心軸が基礎円の接線 SS' と一致するように配置する．工具の端面 TT' には刃が付いていて，それに接触した素材部分は削り落とされるものとする．

　素材を角速度 ω で左に回転させ，同時に工具を左方に $v=r_g\omega$ で移動させると，素材と工具の相対運動は，さきほどのインボリュートカムと従動子の相対運動と同じであるから，図 5.12 に示す経過によって，素材にインボリュート曲面が削り出される．

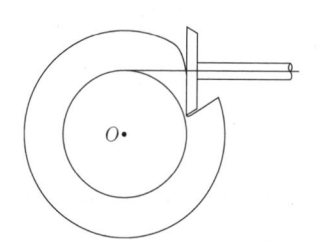

図 5.12 素材から削り出し途中のインボリュートカム

5.2.4　インボリュート歯形の切削原理

　前項で述べたカム切削工具を図 5.13 のように，切削面を工具の移動方向の直角方向から角 α_0 だけ傾けておく．このとき，工具面 TT' に垂直な基礎円の接線 SS' を考える．素材を角速度 ω で回転させたとき，工具面 TT' 上の点 P を SS' 方向に $r_g\omega$ で移動させれば，インボリュート曲面が切削される．このためには，工具を左方に $r_g\omega/\cos\alpha_0$ の速度で移動させればよい．

　つぎに，図 5.14 のように切削面が左右対称な T_1T_2，T_3T_4 となるような

5.2 インボリュート平歯車

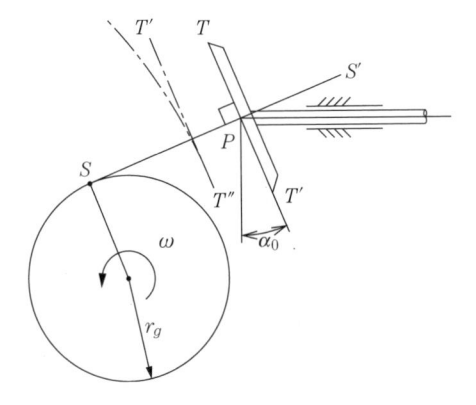

図 5.13 切削面 TT' を α_0 だけ傾けた場合

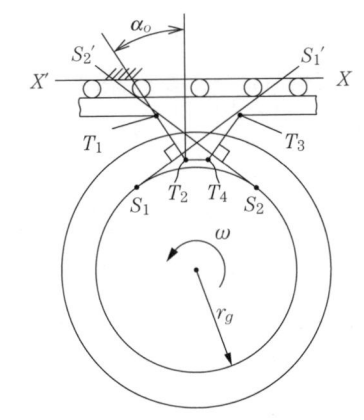

図 5.14 左右対称な切削面による，左右両方を向いたインボリュート曲面の同時削り出し

工具を考える．ただし，この工具は案内によって XX' 方向のみに移動できるとする．切削面 T_1T_2，T_3T_4 は XX' の直角方向に対して角 α_0 をなす．また，S_1S_1'，S_2S_2' は，おのおの切削面 T_1T_2，T_3T_4 に直交する基礎円の接線である．

素材に対して工具を図のように切り込ませた状態から，素材を角速度 ω で左に回転させ，同時に，工具を XX' 方向に $r_g\omega/\cos\alpha_0$ の速度で左方に移動させれば，切削面 T_1T_2 は S_1S_1' に垂直に $r_g\omega/\cos\alpha_0$ の速度で点 S_1 に接近し，一方，切削面 T_3T_4 は S_2S_2' に垂直に $r_g\omega/\cos\alpha_0$ の速度で点 S_2 から遠ざかるので，図 5.15 のような左右両方を向いたインボリュート曲面を同時に削り出すことができる．

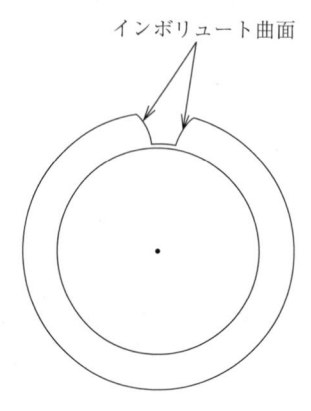

図 5.15 削り出された左右両方を
向いたインボリュート曲面

さらに，図 5.16 のように，工具の山数を十分多くして，素材の回転角速度と工具の移動速度を $(\omega, r_g\omega/\cos\alpha_o)$ で同時に与えると，多数のインボリュート曲面を一度に削り出すことができる．

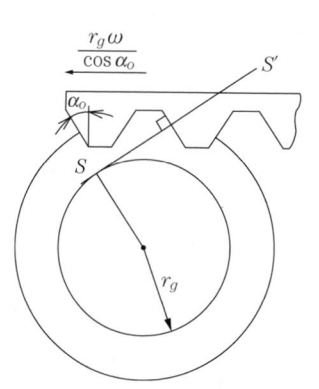

図 5.16 多数のインボリュート
曲面の同時削り出し

このようにして削り出された歯車は，工具と断面形状が同じ図 5.17 のような部品とかみあうことができる．このような部品を**ラック**（rack）といい，歯車の回転運動を直線運動に変換するために用いられる．

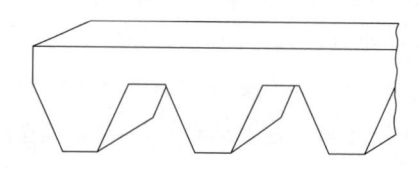

図 5.17 ラック

5.3 ラックとピニオン

5.3.1 基準ラック

前節で述べたように，ラックは歯車とかみあわせ，直線運動を回転運動に変換したり，逆に，回転運動を直線運動に変換するために用いられる．ラックとしては，さまざまな寸法形状のものが考えられているが，JIS では図 **5.18** に示す断面形状を有するラックを規格に定め，これを**基準ラック**と呼んでいる．

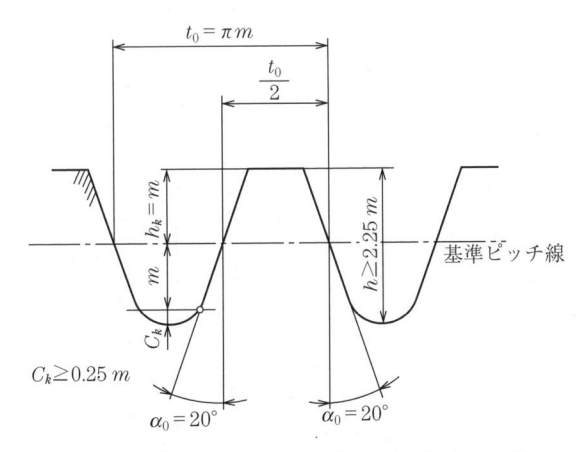

図 **5.18** 基準ラックの寸法（JIS B 1701-1：1999）

図 **5.18** において，ラック高さの半分の m は歯の大きさを代表するものであり，**モジュール**と呼ばれる．モジュールの単位は mm である．モジュールの大きさは**表 5.1** に示すように定められている．ラックの歯の厚さがピッチの半分となる点をつらねた直線をラックの**基準ピッチ線**という．歯面の角度 α_0 を**基準圧力角**といい，規格では 20° と定められている．

一般に用いられているインボリュート歯車は，この基準ラックとかみあうように作られ，したがって，歯車の各部の寸法はおのずと定まる．基準ラックとかみあう歯車を作るには，基準ラックと同形の切削工具を作り，前項に示した原理により素材を切削すればよい．

表 5.1 モジュール標準値〔mm〕

第一系列	第二系列	第三系列（*1）	第一系列	第二系列	第三系列（*1）
0.1					3.75
	0.15		4		
0.2				4.5	
	0.25		5		
0.3				5.5	
	0.35		6		
0.4				(6.5)（*2）	6.5
	0.45			7	
0.5			8		
	0.55			9	
0.6			10		
		0.65		11	
	0.7		12		
		0.75			
0.8				14	
	0.9				
1			16		
1.25	1.125（*2）			18	
1.5	1.375（*2）		20		
	1.75			22	
2			25		
	2.25			28	
2.5			32		
	2.75			36	
3			40		
		3.25		45	
	3.5		50		

(JIS B 1701-1973, JIS B 1701-2：1999)

(備考) 第二系列および第三系列と，第二系列の (6.5) は，なるべく使用しないほうがよい。
(*1) JIS B 1701-1973 のみ
(*2) JIS B 1701-2：1999 のみ

5.3.2 基準ラックと歯車のかみあい（I）

モジュール m の基準ラックとかみあう歯車を**モジュール m の歯車**という。図 5.19 は基準ラックとかみあっている歯車である。図でラック歯面と歯車の歯面との**接触点** Q を考える。点 Q で両歯面の法線 TT' を立てると，法線 TT' は点 Q から出るインボリュート歯面の法線であるから，基礎円に接し，

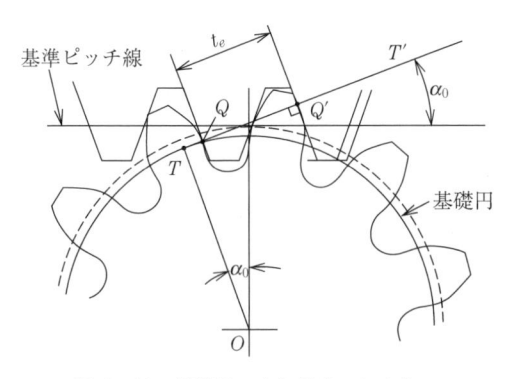

図 5.19 基準ラックと歯車のかみあい

かつ,ラック歯面に垂直である。したがって,法線 TT' はラック歯面に垂直で基礎円に接する不動の直線である。法線 TT' を**作用線**という。歯車がラックとかみあいながら回転するとき,接触点 Q は不動の作用線 TT' 上を移動する。

図のようにラックと歯車の複数の歯が同時にかみあっている場合を考えると,$t_e = QQ'$ はラックの法線ピッチであるが,同時に歯車の法線ピッチでもある。したがって

$$\pi m \cos \alpha_0 = t_e \left(= \frac{2\pi r_g}{Z} \right) \tag{5.10}$$

でなければならない。

5.3.3　基準ラックと歯車のかみあい (Ⅱ)

先に述べたように一対の歯車の動きは,機構学的に等価な,すなわち,同じ中心距離 a と速比 u を与えるような,ころがり接触する一対のピッチ円に置換できる。これと同様に,一対の歯車とラックを,**図 5.20** のように一つのピッチ円とそれに接する平板に置換し,ピッチ円筒が平板ところがり接触するものとしよう。このときのピッチ円を特に基準ピッチ円と呼び,基準ピッチ円半径を r_0 と書く。

モジュール m,歯数 Z の歯車が角速度 ω で回転し,それとかみあうラック

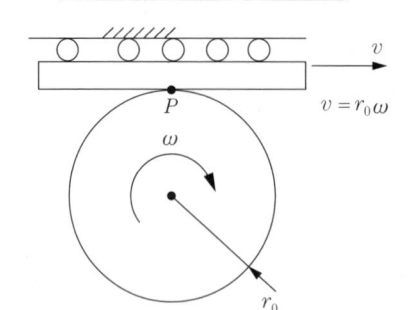

図 5.20 基準ピッチ円と平板の
ころがり運動

が速度 v で移動するとすると，$v \cos \alpha_0 = r_g \omega$ であるから，v について解くと

$$v = \frac{r_g \omega}{\cos \alpha_0} = \left(\frac{mZ}{2} \cos \alpha_0\right) \frac{\omega}{\cos \alpha_0} = \frac{mZ}{2} \omega \qquad (5.11)$$

一方，ころがり接触するので，ピッチ円筒と平板の接触点 P で両方の速度は同じであるから

$$v = r_0 \omega \qquad (5.12)$$

したがって，式（5.11）と式（5.12）を見比べると，基準ピッチ円半径は

$$r_0 = \frac{mZ}{2}$$

である。

前述のように，歯車素材を角速度 ω で回転させ，工具ラックを $v = r_0 \omega$ で移動させると，基礎円半径 $r_g = (mZ/2)\cos \alpha_0$ の歯車が創成される。この場合，図 5.21 に示すように歯車の回転軸とラックの基準ピッチ線との距離，あるい

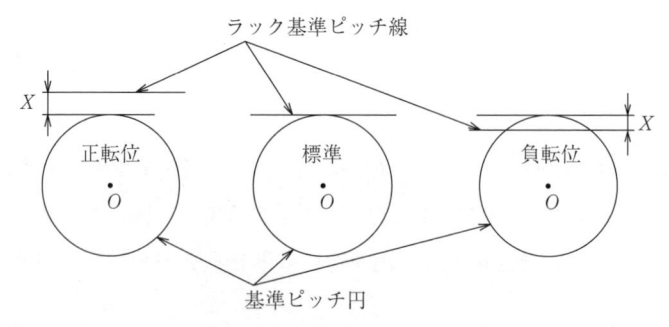

図 5.21 歯車とラックの距離

は歯車の基準ピッチ円とラックの基準ピッチ線との距離 X には制約はない。

出来上がった歯車の法線ピッチはラックによって決まるので，距離 X を変えても不変であるが，距離 X を変えると歯形が少しずつ変わる。歯車創成時における歯車の基準ピッチ円とラックの基準ピッチ線との距離 X を歯車の**転位量**という。歯車とラックを離す方向を正とする。転位量をモジュールで除した値を**転位係数** $x=X/m$ という。転位には**図 5.21** に示すように正負があり，転位量 $X=0$ mm，すなわち転位係数 $x=0$ の歯車を**標準歯車**という。それ以外の歯車を**転位歯車**という。**図 5.22** は転位係数によって歯形が変化する様子を示したものである。

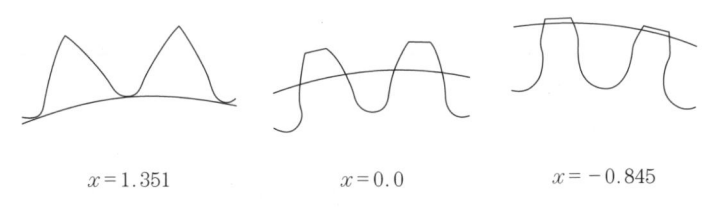

$x=1.351$ $x=0.0$ $x=-0.845$

図 5.22 転位係数による歯形の変化

5.3.4 ラックとピニオンの設計（Ⅰ）—標準歯車のピニオンが 隙間なくかみあうとき

一対のかみあう歯車のうちで，歯数の小さいほうを**小歯車**または**ピニオン**という。ラック速度 v とピニオン角速度 ω の関係は，r_0 をピニオンの基準ピッチ円半径とすると，基準ピッチ円と平板とのころがり運動とみなせるから，一般に次式になる。この式はラックとピニオンとの間の距離にはまったく無関係に成立している。

$$v=r_0\omega \tag{5.13}$$

等式は各時刻で成立しているから，任意時間 Δt を両辺に掛けると，ピニオン回転角 θ とラック移動距離 l との関係式は次式になる。

$$l=r_0\theta \left(=\frac{mZ}{2}\theta\right) \tag{5.14}$$

標準歯車のピニオンがラックと隙間なくかみあうとき，ピニオン中心とラッ

クの基準ピッチ線との距離 L は次式になる。

$$L = r_0 \left(= \frac{mZ}{2} \right) \qquad (5.15)$$

普通は Z は整数であり，m は規格で定められた標準値であるから，r_0 を任意に選べず，したがって，任意の $(v$ と $\omega)$，$(l$ と $\theta)$ の組を満足するようなラックとピニオンを設計することはできない。また，L も任意の値には設定できない。

例題 5.5 $\theta = 0.4$ rad のとき，$l = 20$ mm となるようなラックとピニオンを作りたい。$40 \leq Z \leq 50$ として，ピニオンの歯数 Z とモジュール m を定めよ。

【解答】 ラックとピニオンの基本式より

$$l = r_0 \theta = \frac{mZ}{2} \theta$$

したがって

$$mZ = 2\frac{l}{\theta} = 2 \times \frac{20}{0.4} = 100 \ \text{[mm]}$$

∴ $Z = 40$ とすると $m = 2.5$，または $Z = 50$ とすると $m = 2$ ◇

5.3.5 ラックとピニオンの設計（Ⅱ）—転位歯車のピニオンが隙間なくかみあうとき

標準歯車のピニオンをラックに隙間なくかみあわせた場合，ピニオン中心とラック基準ピッチ線との距離は $L = r_0 = mZ/2$ で一意に決まってしまう。距離 L を少し増減させたい場合には，ピニオンを転位歯車にするか，隙間のあるかみあいにしなければならない。

転位係数 x，転位量 $X = mx$ のピニオンとラックが隙間なくかみあう場合の距離 L は

$$L = r_0 + X = \frac{mZ}{2} + mx \qquad (5.16)$$

したがって，転位係数 x について解くと

$$x = \left(L - \frac{mZ}{2}\right)\frac{1}{m} \tag{5.17}$$

となる。なお，前項で導出したピニオンの回転角 θ とラックの移動距離 l との関係式 $l = r_0\theta$ は転位係数とはまったく無関係に成立している。

例題 5.6 歯数 $Z = 40$，モジュール $m = 2.5$ の転位歯車のピニオンをラックに隙間なくかみあわせて距離 $L = 50.5$ mm としたい。転位係数 x を求めよ。

【解答】 転位係数について解いた式より

$$x = \left(L - \frac{mZ}{2}\right)\frac{1}{m} = \left(50.5 - \frac{2.5 \times 40}{2}\right) \times \frac{1}{2.5} = 0.2 \qquad \diamondsuit$$

5.3.6 ラックとピニオンの設計（III）—転位歯車のピニオンが隙間を有してかみあうとき

前項までのラックとピニオンのかみあいは図 **5.23**（a）の実線に示すように隙間のない場合のものであった。ラックを図の一点鎖線で示すように Δa だけピニオンから遠ざけると，隙間を有するかみあいになる。

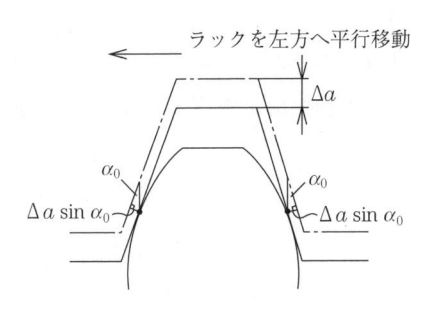

（a） ラックを Δa だけ遠ざけたときの隙間

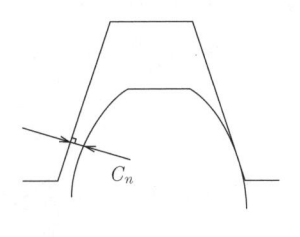

（b） ラック左方にできるバックラッシ

図 **5.23** ラックとピニオンのバックラッシ

ピニオンが時計回りに回転すると，この隙間は図（b）のようになる。図（b）でピニオンとラックの両歯面の接触状態は隙間なしのときとまったく同じであるから，ピニオンの回転角 θ とラックの移動距離 l との関係式 $l = r_0\theta$

は隙間の有無とはまったく無関係に成立している。

一般に，歯車どうしがかみあったときの歯と歯の隙間を**バックラッシ**（backlash）という。

ラック・ピニオンのかみあいで，ラックを図（a）に示すようにΔaだけピニオンから遠ざけたとき，歯面法線方向に測ったバックラッシは図より

$$C_n = 2\Delta a \sin \alpha_0 \tag{5.18}$$

である。

また，ラックとピニオンの距離Lは

$$L = r_0 + mx + \Delta a \left(= \frac{mZ}{2} + mx + \Delta a\right) \tag{5.19}$$

である。したがって，バックラッシを付けることによって，ラックとピニオンの距離Lを，隙間なしの場合に比べて大きい範囲で変えることができる。

5.4 歯車のかみあいと転位歯車の利用

5.4.1 圧力角とインボリュート関数

図 **5.24** のように，インボリュート曲線上の任意の1点Qと基礎円中心とを結ぶ直線と，点Qにおけるインボリュート曲線の接線TT'とがなす角を点

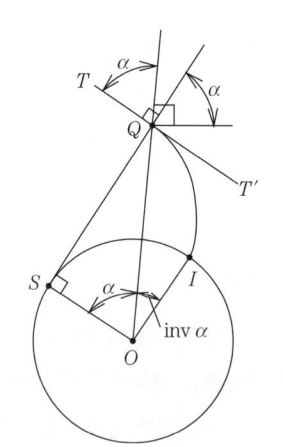

図 **5.24** インボリュート曲線の圧力角

Q における**圧力角**という。圧力角は点 Q で歯面が他の曲面と接触したとき，歯面の垂直力と点 Q が動く方向との角度でもある。

いま，QS を点 Q におけるインボリュート曲線の法線とすると，インボリュート曲線の性質より QS は基礎円に点 S で接する。したがって，次式が成立する。

$$TT' \perp QS, \quad OS \perp QS, \quad \therefore \quad TT' \parallel OS, \quad \angle QOS = \alpha \tag{5.20}$$

また，インボリュート曲線の始点を図のように点 I とすれば

$$\overline{SQ} = \widehat{IS}$$

角度を弧度法（単位は rad）で表すと

$$\angle IOS = \frac{\widehat{IS}}{\overline{OS}} = \frac{\overline{SQ}}{\overline{OS}} = \tan \alpha \tag{5.21}$$

したがって

$$\angle IOQ = \angle IOS - \angle QOS = \tan \alpha - \alpha \tag{5.22}$$

一般に

$$\text{inv } \alpha = \tan \alpha - \alpha \tag{5.23}$$

と書き，これを α の**インボリュート関数**という。ここで，右辺第 1 項目の単位は rad であるから，inv の単位は rad であるが，ふつう inv には単位を付けないで使う。$\angle IOQ = \text{inv } \alpha$ である。

角度 α が与えられたときに inv α を求めることは，電卓を使えば簡単であるが，逆に，inv α が与えられたときに角度 α を求めることは困難である。

このようなとき，α を求める方法としては

 (1) **表5.2**のようなインボリュート関数表を使う

 (2) **表5.3**のような白石・下田の逆インボリュート関数の近似式を使う

 (3) ニュートン（Newton）法のプログラムを使う

のいずれかの方法がある。このうち，(3) のニュートン法のプログラムを使う方法は任意の精度で α を求めることができる。

　補足　（ニュートン法を用いて inv α から α を求める方法）　角度 α を与えたときに inv α を求める式はインボリュート関数の定義式そのものであるか

142 5. 歯車装置

表 5.2 インボリュート関数表

α (°)	0.0	0.1	0.2	0.3	0.4	0.5	0.6	0.7	0.8	0.9
10	0.001 794 1	0.001 848 9	0.001 904 8	0.001 961 9	0.002 020 1	0.002 079 5	0.002 140 0	0.002 201 7	0.002 264 6	0.002 328 8
11	0.002 394 1	0.002 460 7	0.002 528 5	0.002 597 5	0.002 667 8	0.002 739 4	0.002 812 3	0.002 886 5	0.002 962 0	0.003 038 9
12	0.003 117 1	0.003 196 6	0.003 277 5	0.003 359 8	0.003 443 4	0.003 528 5	0.003 615 0	0.003 702 9	0.003 792 3	0.003 883 1
13	0.003 975 4	0.004 069 2	0.004 164 4	0.004 261 2	0.004 359 5	0.004 459 3	0.004 560 7	0.004 663 6	0.004 768 1	0.004 874 2
14	0.004 981 9	0.005 091 2	0.005 202 1	0.005 314 7	0.005 428 9	0.005 544 8	0.005 662 4	0.005 781 7	0.005 902 7	0.006 025 4
15	0.006 149 8	0.006 276 0	0.006 403 9	0.006 533 7	0.006 665 2	0.006 798 5	0.006 933 7	0.007 070 6	0.007 209 5	0.007 350 1
16	0.007 492 7	0.007 637 2	0.007 783 5	0.007 931 8	0.008 082 0	0.008 234 2	0.008 388 3	0.008 544 4	0.008 702 5	0.008 862 6
17	0.009 024 7	0.009 188 9	0.009 355 1	0.009 523 4	0.009 693 7	0.009 866 2	0.010 040 7	0.010 217 4	0.010 396 3	0.010 577 3
18	0.010 760 4	0.010 945 8	0.011 133 3	0.011 323 1	0.011 515 1	0.011 709 4	0.011 905 9	0.012 104 8	0.012 305 9	0.012 509 3
19	0.012 715 1	0.012 923 2	0.013 133 6	0.013 346 5	0.013 561 7	0.013 779 4	0.013 999 4	0.014 222 0	0.014 447 0	0.014 674 4
20	0.014 904 4	0.015 136 9	0.015 371 9	0.015 609 4	0.015 849 5	0.016 092 2	0.016 337 5	0.016 585 4	0.016 835 9	0.017 089 1
21	0.017 344 9	0.017 603 4	0.017 864 6	0.018 128 6	0.018 395 3	0.018 664 7	0.018 936 9	0.019 211 9	0.019 489 7	0.019 770 3
22	0.020 053 8	0.020 340 1	0.020 629 3	0.020 921 5	0.021 216 5	0.021 514 5	0.021 815 4	0.022 119 3	0.022 426 2	0.022 736 1
23	0.023 049 1	0.023 365 1	0.023 684 2	0.024 006 3	0.024 331 6	0.024 660 0	0.024 991 6	0.025 326 3	0.025 664 2	0.026 005 3
24	0.026 349 7	0.026 697 3	0.027 048 1	0.027 402 3	0.027 759 8	0.028 120 6	0.028 484 7	0.028 852 3	0.029 223 2	0.029 597 6
25	0.029 975 3	0.030 356 6	0.030 741 3	0.031 129 5	0.031 521 3	0.031 916 6	0.032 315 4	0.032 717 9	0.033 123 9	0.033 533 6
26	0.033 947 0	0.034 364 0	0.034 784 7	0.035 209 2	0.035 637 4	0.036 069 4	0.036 505 1	0.036 944 7	0.037 388 1	0.037 835 4
27	0.038 286 6	0.038 741 6	0.039 200 6	0.039 663 6	0.040 130 6	0.040 601 5	0.041 076 5	0.041 555 5	0.042 038 7	0.042 525 9
28	0.043 017 2	0.043 512 8	0.044 012 4	0.044 516 3	0.045 024 5	0.045 536 9	0.046 053 5	0.046 574 5	0.047 099 8	0.047 629 5
29	0.048 163 6	0.048 702 0	0.049 245 0	0.049 792 4	0.050 344 2	0.050 900 6	0.051 461 6	0.052 027 1	0.052 597 3	0.053 172 1
30	0.053 751 5	0.054 335 6	0.054 924 5	0.055 518 1	0.056 116 4	0.056 719 6	0.057 327 6	0.057 940 5	0.058 558 2	0.059 180 9
31	0.059 808 6	0.060 441 2	0.061 078 8	0.061 721 5	0.062 369 2	0.063 022 1	0.063 680 1	0.064 343 2	0.065 011 6	0.065 685 1
32	0.066 364 0	0.067 048 1	0.067 737 6	0.068 432 4	0.069 132 6	0.069 838 3	0.070 549 3	0.071 265 9	0.071 988 0	0.072 715 7
33	0.073 448 9	0.074 187 8	0.074 932 4	0.075 682 6	0.076 438 5	0.077 200 3	0.077 967 8	0.078 741 1	0.079 520 4	0.080 305 5
34	0.081 096 6	0.081 893 6	0.082 696 7	0.083 505 8	0.084 321 0	0.085 142 4	0.085 969 9	0.086 803 6	0.087 643 5	0.088 489 8
35	0.089 342 3	0.090 201 2	0.091 066 5	0.091 938 2	0.092 816 5	0.093 701 2	0.094 592 5	0.095 490 4	0.096 394 9	0.097 306 1
36	0.098 224 0	0.099 148 7	0.100 080 2	0.101 018 5	0.101 963 7	0.102 915 9	0.103 875 0	0.104 841 2	0.105 814 4	0.106 794 7
37	0.107 782 2	0.108 776 9	0.109 778 8	0.110 788 0	0.111 804 6	0.112 828 5	0.113 859 9	0.114 898 7	0.115 945 1	0.116 999 0
38	0.118 060 5	0.119 129 7	0.120 206 6	0.121 291 3	0.122 383 8	0.123 484 2	0.124 592 4	0.125 708 7	0.126 832 9	0.127 965 2
39	0.129 105 6	0.130 254 2	0.131 411 0	0.132 576 1	0.133 749 5	0.134 931 3	0.136 121 6	0.137 320 3	0.138 527 5	0.139 743 4
40	0.140 967 9	0.142 201 2	0.143 443 2	0.144 694 0	0.145 953 7	0.147 222 3	0.148 500 0	0.149 786 7	0.151 082 5	0.152 387 5
41	0.153 701 7	0.155 025 3	0.156 358 2	0.157 700 5	0.159 052 3	0.160 413 6	0.161 784 6	0.163 165 2	0.164 555 6	0.165 955 7
42	0.167 365 8	0.168 785 7	0.170 215 7	0.171 655 7	0.173 105 9	0.174 566 2	0.176 036 9	0.177 517 9	0.179 009 2	0.180 511 1
43	0.182 023 5	0.183 546 5	0.185 080 3	0.186 624 8	0.188 180 1	0.189 746 3	0.191 323 6	0.192 911 9	0.194 511 3	0.196 122 0
44	0.197 743 9	0.199 377 2	0.201 022 0	0.202 678 3	0.204 346 2	0.206 025 7	0.207 717 1	0.209 420 3	0.211 135 4	0.212 862 6
45	0.214 601 8	0.216 353 3	0.218 117 0	0.219 893 0	0.221 681 5	0.223 482 6	0.225 296 2	0.227 122 6	0.228 961 8	0.230 813 8

$\pi = 3.141\,592\,653\,589\,79$

5.4 歯車のかみあいと転位歯車の利用   143

表 5.3　$\mathrm{inv}\, x = y$ とするとき，y から x を求める近似式

y の区間	x の近似式
$0.00 \leq y \leq 0.0013$	$\sqrt[3]{3y}$
$0.0013 \leq y \leq 0.0062$	$0.1006 + 2.355\sqrt{0.8492y - 0.0005212}$
$0.0062 \leq y \leq 0.023$	$0.1757 + 1.294\sqrt{1.545y - 0.005146}$
$0.023 \leq y \leq 0.060$	$0.2675 + 0.7764\sqrt{2.576y - 0.02979}$
$0.060 \leq y \leq 0.14$	$0.3818 + 0.4621\sqrt{4.328y - 0.1407}$
$0.14 \leq y \leq 0.32$	$0.5340 + 0.2476\sqrt{8.077y - 0.7023}$

ら，電卓さえあれば簡単に $\mathrm{inv}\,\alpha$ を計算できる。逆に，$\mathrm{inv}\,\alpha$ の値 b から α を求める式，すなわち，$b = \mathrm{inv}\,\alpha$ の逆関数 $\alpha = \mathrm{inv}^{-1}b$ を求める公式は存在しない。

ここでは b を与えたときに $b = \mathrm{inv}\,\alpha$ となるような α をニュートン法で求めてみる。ニュートン法は代数方程式の近似解を計算するための強力な一方法である。まず，次式を考える。

$$(\mathrm{inv}\,\alpha =)\ \tan\alpha - \alpha = b \tag{5.24}$$

与えられている定数 b を左辺に移項して $\cdots = 0$ の形に変形し，α の関数と見なす。

$$f(\alpha) = \tan\alpha - \alpha - b \tag{5.25}$$

したがって，$\alpha = \mathrm{inv}^{-1}b$ を求めることは関数 $y = f(\alpha)$ で $y = 0$ となるような点 α^* を求めることと同じである。一般に，$f(\alpha) = 0$ となるような α^* を $f(\alpha)$ の**零点**（zero）という。

ニュートン法は探索点 α_i を順次 $i = 0, 1, 2, \cdots$ と計算していき，探索点を零点 α^* に収束させる**探索法**であり，その考え方は

「曲線 $y = f(\alpha)$ 上の点 $P = (\alpha_i, f(\alpha_i))$ を通る曲線の接線 l が α 軸を切る切片を α_{i+1} とすると，もし α_i が解 α^* に十分に近いならば，α_{i+1} のほうが α_i よりも解 α^* に近くなるだろう」

というものである。

この方法では探索点が解に十分近いことを仮定しているが，実際にそれを事前に調べる一般的な方法はない。ニュートン法は（そもそも十分という言葉が主観的でもある）仮定を満たすように探索点をうまくとれれば解に収束するよ

うな探索点列を見つけられるというものなので，一見すると非力な方法に見えるが，最初の探索点をいろいろと変えて実際に計算してみるとうまく解に収束してくれる場合が多い。

また，ニュートン法にはつぎのような性質がある。

探索点 a_i が解 a^* に十分近ければ

$$|a_{i+1}-a^*| \leq A|a_i-a^*|^2 \qquad (5.26)$$

が成立する。ここで A は定数である。このとき，探索点 a_i は解 a^* に**2次収束**するという。式（5.26）が成立すれば，つぎの探索点と解との誤差 $|a_{i+1}-a^*|$ が現在の探索点と解との誤差 $|a_i-a^*|$ の2乗以下に小さくなるので，2次収束性が成立する範囲に探索点が入れば，探索点は急速に解に吸い寄せられることになる。

例えば，$A=1$，$|a_i-a^*| \leq 10^{-2}$ とすると，$|a_{i+1}-a^*| \leq (10^{-2})^2 = 10^{-4}$，$|a_{i+2}-a^*| \leq (10^{-4})^2 = 10^{-8}$，…となる。

曲線上の点 $P=(a_i, f(a_i))$ における曲線の接線 l の方程式は次式になる。

$$y-f(a_i)=f'(a_i)(a-a_i) \qquad (5.27)$$

したがって，接線 l が a 軸を切る切片をつぎの探索点 a_{i+1} とすると

$$0-f(a_i)=f'(a_i)(a_{i+1}-a_i) \qquad (5.28)$$

故に上式を a_{i+1} について解くと次式を得る。

$$a_{i+1}=a_i-\frac{f(a_i)}{f'(a_i)} \qquad (5.29)$$

この式は，現在の探索点 a_i が与えられると右辺が計算でき，つぎの探索点 a_{i+1} が求められるという漸化式であり，ニュートン法の基本式である。ニュートン法の基本式は関数 $f(a)$ が微分可能であり，かつ，$f(a) \neq 0$ でありさえすれば，どのような関数 f にも適用できることに注目せよ。

インボリュート関数に対するニュートン法の基本式を具体的に計算してみよう。

$$f(a)=\tan a-a-b$$

であったが，ここで a の単位は rad である。角度は度で表したほうが便利で

あるので，α〔rad〕を β〔°〕で表すと，次式になる。

$$\alpha = \beta \frac{\pi}{180}, \quad g(\beta) = f(\alpha) \tag{5.30}$$

$$\frac{dg(\beta)}{d\beta} = \frac{df(\alpha)}{d\alpha} \cdot \frac{d\alpha}{d\beta} = (\sec^2(\alpha) - 1) \cdot \frac{\pi}{180} = \tan^2(\alpha) \cdot \frac{\pi}{180} \tag{5.31}$$

$$\therefore \quad \beta_{i+1} = \beta_i - \frac{g(\beta_i)}{g'(\beta_i)} = \beta_i - \frac{\tan\beta_i - \frac{\pi}{180}\beta_i - b}{\frac{\pi}{180}\tan^2\beta_i} \tag{5.32}$$

これが，インボリュート関数に対するニュートン法の基本式である。これを使ったbasicプログラムは，例えばつぎのようになる。

```
  1 ' ALPHA OF INV(ALPHA)=B USING TEMPERED NEWTON
  2 ' INPUT=(B MU) OUTPUT=ALPHA
 10 DEGREE: C=PI/180.
 20 MU=1.0                                ' <--- NAMASI
 30 PRINT "B, MU?": INPUT B, MU
 40 A=20.                                 ' <--- START POINT
 50 AA=A-(TAN A-C*A-B)/(C*TAN A*TAN A)*MU ' <--- NEXT POINT
 60 FAA=TAN AA-C*AA-B
 70 PRINT AA, FAA
 75 WAIT                                  ' <--- HIT RETURN TO CONTINUE.
 80 IF (FAA<0.) THEN FAA=-FAA
 90 IF (FAA>1.E-8) THEN A=AA: GOTO 50 ' <--- ERROR SMALL ENOUGH ?
100 PRINT ">"; AA, FAA, B                 ' <--- SOLUTION
110 GOTO 30
```

なお，プログラム中，MU（$=\mu \geq 0$）は**減速係数**という。前述したようにニュートン法では探索点が必ず解に収束する保証はないが，MU=1に設定して探索点が発散した場合には，MUを1よりも小さく設定すると，発散せずにうまく解に収束できる場合が多い。ただし，その場合，2次収束性は壊れてしまうので収束速度は落ちてしまう。

5.4.2　一対の歯車のかみあい

図 **5.25** はかみあっている一対の歯車の相接している一組の歯の断面を示したものである。1組の歯が図のように任意の1点 Q_1 で接しているとき，この点 Q_1 を通り，両インボリュート曲線に共通な接線を $\overline{T_1 T_1'}$ とする。点 Q_1 を通り，$\overline{T_1 T_1'}$ に直交する直線は両インボリュート曲線の共通法線であるから，両方の基礎円とそれぞれ点 S_1，S_2 で接する。

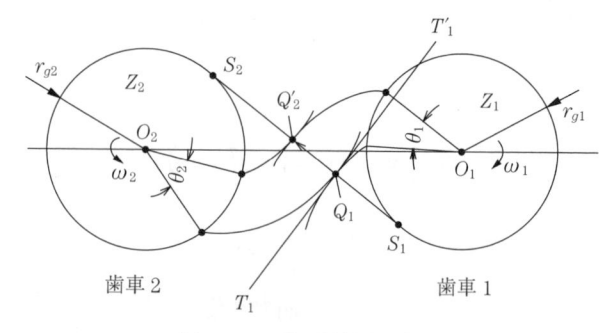

図 5.25 歯面接触点の移動

すなわち，1組のインボリュート曲線が接しているとき，接触点に立てた共通法線はつねに両方の基礎円に接する共通接線 $\overline{S_1S_2}$ 上にあるということになる。$\overline{S_1S_2}$ のことを**作用線**という。両歯車の中心を決めれば，接触点とは無関係に，両方の基礎円の共通接線である作用線は固定した直線になり，接触点は作用線上を移動する。

作用線上の**接触点**の移動速度を求めてみよう。図のように歯形を構成する一対のインボリュート曲線が点 Q_1 で接している状態から，歯車1が θ_1 だけ回転して接触点が Q_2 に移っていく過程を考える。

先に述べたように接触点はつねに作用線上にあるから，接触点が点 Q_1 から点 Q_2 に移る間，接触点はつねに作用線上を移動している。すなわち，$\overline{Q_1Q_2}$ は接触点の軌跡である。インボリュート曲線の性質から作用線上の接触点の移動量は

$$\overline{Q_1Q_2} = r_{g1}\theta_1 \tag{5.33}$$

歯車1の回転角速度を ω_1 とすれば $\theta_1 = \omega_1 t$ であるから

$$\overline{Q_1Q_2} = r_{g1}\omega_1 t \tag{5.34}$$

したがって，両辺を時間 t で割ると

$$v_Q = r_{g1}\omega_1 \tag{5.35}$$

これは両方の基礎円に巻きつけた，作用線と一致する仮想的な糸上の結び目 Q の速度とみなせる。

歯車2についても同様に考えると

$$v_Q = r_{g2}\omega_2 \tag{5.36}$$

したがって

$$r_{g1}\omega_1 = v_Q = r_{g2}\omega_2, \quad \therefore \frac{\omega_2}{\omega_1} = \frac{r_{g1}}{r_{g2}} \tag{5.37}$$

また

$$r_g = \frac{mZ}{2}\cos\alpha_0, \quad r_0 = \frac{mZ}{2}$$

であるから,速比 u の式は次式のようにも書ける.

$$u = \frac{n_2}{n_1} = \frac{\omega_2}{\omega_1} = \frac{r_{g1}}{r_{g2}} = \frac{r_{01}}{r_{02}} = \frac{Z_1}{Z_2} \tag{5.38}$$

5.4.3 かみあい圧力角と中心距離

図 5.26 で歯車の中心 O_1, O_2 を結ぶ線分 $\overline{O_1O_2}$ と作用線 $\overline{S_1S_2}$ の交点を点 P とすると,図の相似三角形より

$$\frac{\overline{O_2P}}{\overline{O_1P}} = \frac{r_{g2}}{r_{g1}} = \frac{Z_2}{Z_1} \tag{5.39}$$

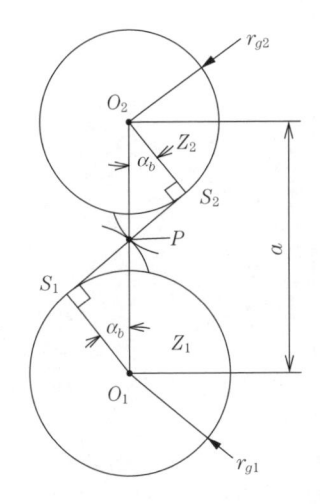

図 5.26 かみあい圧力角と中心距離

したがって,点 P は線分 $\overline{O_1O_2}$ を $Z_1:Z_2$ に内分する点であるから,かみあいピッチ点と一致する。$\overline{O_1P} = r_{b1}$, $\overline{O_2P} = r_{b2}$ である.

また,図で $\angle PO_1S_1 = \angle PO_2S_2 = \alpha_b$ を**かみあい圧力角**という。**中心距離**

148　5. 歯車装置

$O_1O_2 = a$ とすれば

$$a = r_{b1} + r_{b2}$$
$$= \frac{r_{g1}}{\cos \alpha_b} + \frac{r_{g2}}{\cos \alpha_b} = \frac{r_{g1} + r_{g2}}{\cos \alpha_b} = \frac{m(Z_1 + Z_2)}{2} \cdot \frac{\cos \alpha_0}{\cos \alpha_b} \qquad (5.40)$$

5.4.4　中心距離とバックラッシの式

図 5.26 の歯車の中心距離をやや大きくしてかみあわせたとすると，図 5.26 の場合に比べて，r_{b1}, r_{b2}, α_b は変化するが，速比 u は変わらない（なぜならば，それぞれの式を書き出してみると

$$r_{bi} = \frac{Z_i}{Z_1 + Z_2} a, \quad (i=1,2), \quad a = \frac{mZ_{12}}{2} \frac{\cos \alpha_0}{\cos \alpha_b}, \quad u = \frac{Z_1}{Z_2} \qquad (5.41)$$

であり，速比 u のみが中心距離に無関係だから）。

図 5.26 の状態を歯が隙間なくかみあった状態とすると，それよりも大きい中心距離でかみあわせると，図 5.27 に示すように隙間 C_n が生じる。この

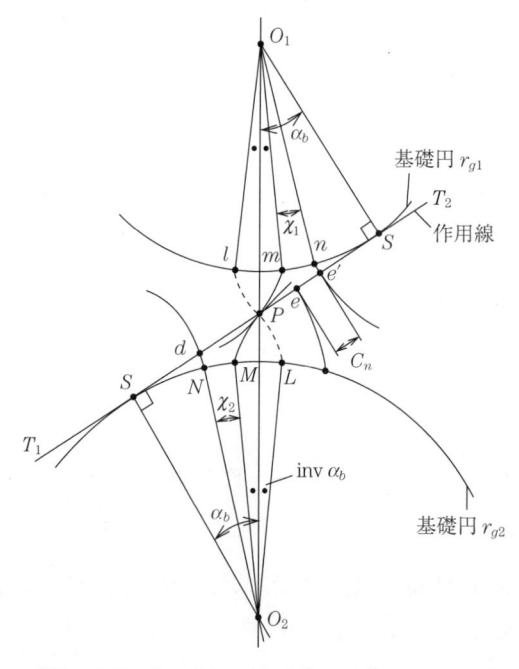

図 5.27　インボリュート歯車どうしのかみあい

ような隙間 C_n を**バックラッシ**（backlash）という。バックラッシの測り方は測定する方向によっていろいろあるが，C_n は歯面の法線方向に測った**法線方向バックラッシ**という。添字の n は歯面法線（normal）という意味である。バックラッシ $C_n=0$ とすると接触点での歯面どうしのすべりに必要な隙間もなくなり，歯車どうしが食い付いて円滑に回転しなくなるので，普通は微小なバックラッシを与える。

原動車を正転させて歯車どうしがかみあった図のような状態において，原動車を逆転させてみると，バックラッシ C_n が徐々に減少し，$C_n=0$ のときにその点が歯面どうしの新たな接触点になり，従動車に回転運動が伝達される。したがって，バックラッシ C_n は原動車を逆転させたときに従動車に回転運動が伝達されない遊び，または，がたである。正逆両方の回転運動が必要な歯車装置の場合にはバックラッシ C_n に注意しなければならない。

法線方向バックラッシを有する歯車のかみあい圧力角，歯数，転位係数の間にはつぎのバックラッシの公式が成立する。

$$\text{inv}\, \alpha_b = \text{inv}\, \alpha_0 + 2\frac{x_{12}}{Z_{12}}\tan \alpha_0 + \frac{C_n}{mZ_{12}\cos \alpha_0} \tag{5.42}$$

上式を導出するために，図の $\overline{de'}$ を2通りで表してみよう。

$$\begin{aligned}\overline{de'} &= \overline{de} + \overline{ee'} = t_e + C_n \\ &= \overline{dP} + \overline{Pe'} = \widehat{NL} + \widehat{nl} = r_{g2}(\chi_2 + 2\,\text{inv}\,\alpha_b) + r_{g1}(\chi_1 + 2\,\text{inv}\,\alpha_b) \\ &= \frac{t_e Z_2}{2\pi}(\chi_2 + 2\,\text{inv}\,\alpha_b) + \frac{t_e Z_1}{2\pi}(\chi_1 + 2\,\text{inv}\,\alpha_b)\end{aligned} \tag{5.43}$$

ここで，χ（ギリシャ文字のカイ）は対向する一対のインボリュート歯面の間隔を基礎円上で測った角度であり**スペース角**という。

スペース角 χ はラックと歯車が転位量 X でかみあった**図 5.28** を用いて次式のようになる。ラックの転位量 X とは無関係に，歯車とラックの運動は基準ピッチ円と平板のころがり運動と同じである。したがって，歯車に貼り付いた基準ピッチ円とラックに貼り付いた**歯切ピッチ線**はころがり接触しているから，歯切ピッチ線上の点 Q_1 と基準ピッチ円上の点 Q_1' がころがり運動により

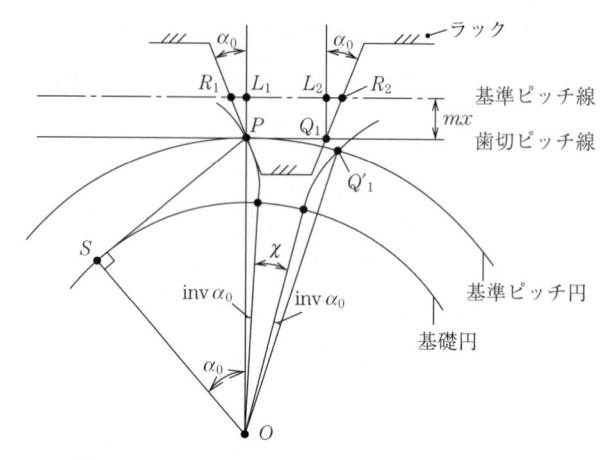

図 5.28 インボリュート歯車とラックのかみあい

基準ピッチ点 P で合わさったとすると，$\overline{PQ_1} = \widehat{PQ'_1}$ が成立している。両辺をおのおの変形すると

$$\overline{PQ_1} = \overline{R_1R_2} - 2\,\overline{R_1L_1} = \frac{\pi m}{2} - 2mx\tan\alpha_0$$

$$= \widehat{PQ'_1} = r_0(\chi + 2\operatorname{inv}\alpha_0) = \frac{mZ}{2}(\chi + 2\operatorname{inv}\alpha_0) \tag{5.44}$$

上式を χ について解くと次式を得る。

$$\chi = -2\operatorname{inv}\alpha_0 + \frac{2}{mZ}\left(\frac{\pi m}{2} - 2mx\tan\alpha_0\right)$$

$$= -2\operatorname{inv}\alpha_0 + \frac{\pi}{Z} - \frac{4x}{Z}\tan\alpha_0 \tag{5.45}$$

両歯車のスペース角 χ_1, χ_2 の式を $\overline{de'}$ に代入し，$\operatorname{inv}\alpha_b$ について解くとバックラッシの公式を得る。

また，前項で示したように，中心距離 a は一般に

$$a = \frac{mZ_{12}}{2}\frac{\cos\alpha_0}{\cos\alpha_b} \tag{5.46}$$

$$= \frac{mZ_{12}}{2} + my \tag{5.47}$$

ここで，第1項目の $mZ_{12}/2$ を**標準中心距離**といい，y を**中心距離増加係数**と

いう。上式を y について解くと次式を得る。

$$y = \frac{Z_{12}}{2}\left(\frac{\cos \alpha_0}{\cos \alpha_b} - 1\right) \qquad (5.48)$$

5.4.5 転位歯車の利用（Ⅰ）—中心距離を合わせる

つぎの例題のように，転位歯車は中心距離を所定の値に合わせるために用いることができる。

例題 5.7 ある機械の一部に一対の歯車が使われており，その中心距離 $a=53$ mm，歯数 $Z_1=16$, $Z_2=37$，モジュール $m=2$，バックラッシ $C_n=0$ mm とし，両歯車ともに標準歯車とする。いま，都合で，(a, Z_1, m, C_n) は変更なしに，歯数 $Z_2=36$ にしたい。どのようにすればよいか。

【解答】 変更後のかみあい圧力角 α_b は中心距離の式より

$$\alpha_b = \cos^{-1}\left(\frac{m(Z_1+Z_2)}{2a}\cos \alpha_0\right)$$

$$= \cos^{-1}\left(\frac{2(16+36)}{2\times 53}\cos 20°\right) = 22.785\,3°$$

したがって，転位係数の和 x_1+x_2 はバックラッシの式より

$$x_1 + x_2 = \frac{\text{inv}\,\alpha_b - \text{inv}\,\alpha_0}{2\tan \alpha_0}(Z_1+Z_2)$$

$$= \frac{\text{inv}\,22.785\,3° - \text{inv}\,20°}{2\tan 20°}(16+36) = 0.534\,08$$

これより，例えば $x_1=0.3$, $x_2=0.234\,08$ とすればよい。　　　◇

5.4.6 転位歯車の利用（Ⅱ）—切下げの防止

図 5.29 はラック形工具で歯を切削しているところを示している。工具と歯車素材はおのおの矢印の方向に移動し，ラック工具が A の位置に来るまでに，インボリュート曲面 $1'2$ が削り出され，B の位置に来るまでに，インボリュート曲面 $1'3$ が削り出される。この位置でインボリュート曲面の創成は終わりになるので，h_k（**歯末の丈**）が，点3と歯切ピッチ線との距離 H よりも大きいことは意味がない。それだけでなく，工具がさらに右方に微小量移動した

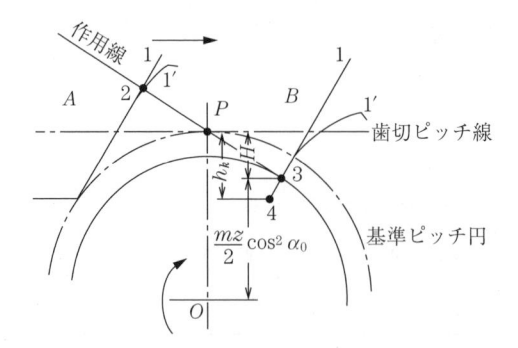

図 5.29 ラック形工具による歯の切削

ときの工具と歯車素材の位置関係は**図 5.30** のようになり，すでに出来上がったインボリュート曲面の根元を削り取ってしまい，**図 5.31** のような歯元が削り取られた歯形が出来上がる．

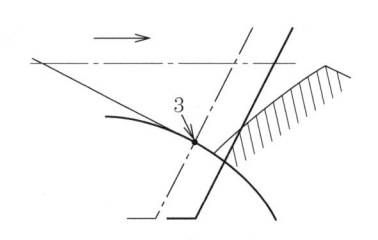

図 5.30 ラック形工具によるインボリュート曲面根元の削り取り

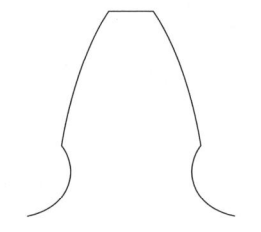

図 5.31 アンダーカットの歯形

このような現象を**切下げ**，または**アンダーカット**（undercut）といい，有効なインボリュート曲面が少なくなり，機械的強度も低下するので避けるのが普通である．**図 5.29** より

$$H = \frac{mZ}{2}(1-\cos^2\alpha_0) = \frac{mZ}{2}\sin^2\alpha_0 \tag{5.49}$$

$$h_k = m(1-x) \tag{5.50}$$

切下げを生じさせないための条件

$$H \geq h_k \tag{5.51}$$

に H, h_k を代入整理すると，つぎのような不等式を得る．

$$\frac{mZ}{2}\sin^2\alpha_0 \geq m(1-x), \quad \therefore \quad x \geq 1 - \frac{Z\sin^2\alpha_0}{2} \tag{5.52}$$

特に標準歯車すなわち $a_0=20°$，$x=0$ では，$Z≧18$ が切下げない条件になるので，これよりも歯数が小さい歯車では切下げを生じないところまで正転位しなければならない。

5.4.7 転位係数と中心距離増加係数

バックラッシが 0 のとき，転位係数と中心距離増加係数の関係を考えると，中心距離とバックラッシの公式から，一般につぎのような傾向がある（**表 5.4**）。

表 5.4 転位係数と中心距離増加係数の関係

転位係数の和 x_{12}	かみあい圧力角 a_b		中心距離増加係数 y
負	$a_b < a_0$	$\cos a_b > \cos a_0$	負
0	$a_b = a_0$	$\cos a_b = \cos a_0$	0
正	$a_b > a_0$	$\cos a_b < \cos a_0$	正

5.5 かみあい長さとかみあい率

5.5.1 歯先円と歯底円

図 5.32 のようにブランクの半径がラック底部まで届く場合，転位係数 x の歯車の創成時の**歯先円半径** r_k と**歯底円半径** r_r はおのおの次式のようになる。

$$r_k = \frac{mZ}{2} + (1+x)m$$

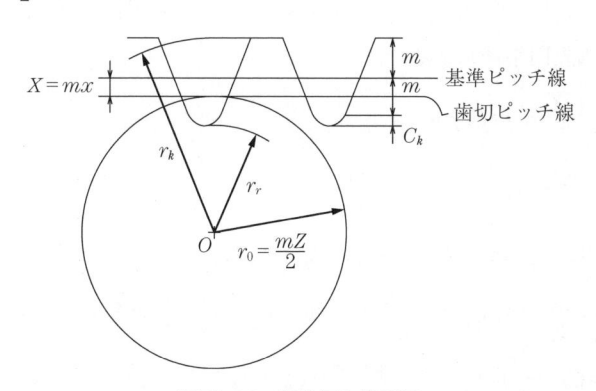

図 5.32 歯先円と歯底円

$$r_r = \frac{mZ}{2} + mx - m - C_k = \frac{mZ}{2} - (1-x)m - C_k \tag{5.53}$$

ここで，C_k はラックの**頂げき（頂隙）**である．歯底円半径は，ブランクの半径とは無関係に上式になるが，歯先円半径は，ブランクの半径をラック底部まで届かないように小さくすると，ブランクの半径そのものになり，変更できる．

図 **5.33** に示すような一対の歯車をかみあわせたときにできる頂げき $C_{k'}$ を計算してみると

$$C_{k'} = (\text{中心距離}) - (\text{一方の歯車の歯先円半径}) - (\text{相手歯車の歯底円半径})$$

$$= \frac{mZ_{12}}{2} + my - \left\{\frac{mZ_1}{2} + (1+x_1)m\right\} - \left\{\frac{mZ_2}{2} - (1-x_2)m - C_k\right\}$$

$$= my - (x_{12}m - C_k) = C_k - (x_{12} - y)m \tag{5.54}$$

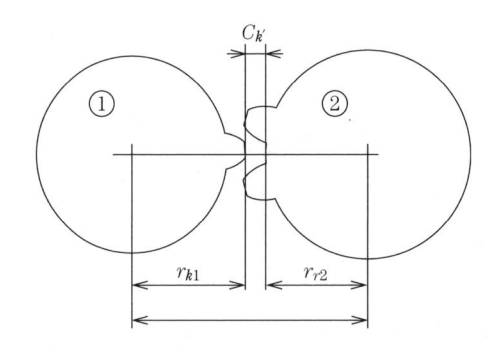

図 **5.33** 一対の歯車の頂げき $C_{k'}$

一般に $x_{12} \neq y$ であるから，$C_{k'}$ は転位量によって変わってしまう．そこで，$C_{k'}$ を転位量によらず一定にするために，ブランクの半径を次式のように変更し，これを歯先円半径にする．

$$r_{k1} = \frac{mZ_1}{2} + m(1+y-x_2)$$

$$r_{k2} = \frac{mZ_2}{2} + m(1+y-x_1) \tag{5.55}$$

これにより，$C_{k'}$ は次式のように一定になる．

$$C_{k'} = \frac{mZ_{12}}{2} + my - \left\{\frac{mZ_1}{2} + m(1+y-x_2)\right\} - \left\{\frac{mZ_2}{2} - (1-x_2)m - C_k\right\}$$

$$= C_k \quad (\text{一定}) \tag{5.56}$$

5.5.2 かみあい長さ

一対の歯車の歯面の接触を考えると，先に述べたように，接触点 Q は作用線上にある。**図 5.34** で，原動車 1 が右にまわるとき，両歯面の接触の始点は，図 (a) に示す点 Q_1，すなわち，従動車 2 の歯先円と作用線との交点である。一方，終点は，図 (b) に示す点 Q_2，すなわち，原動車 1 の歯先円と作用線との交点である。したがって，一対の歯面の接触点の軌跡は線分 $\overline{Q_1Q_2}$ であり，これを**かみあい長さ**といい，l で表す。**図 5.35** で

$$\overline{S_1S_2}=\overline{S_1Q_2}+\overline{Q_2S_2}=\overline{S_1Q_2}+(\overline{S_2Q_1}-\overline{Q_1Q_2}) \tag{5.57}$$

これを $\overline{Q_1Q_2}=l$ について解くと次式を得る。

$$\begin{aligned}l=\overline{Q_1Q_2}&=\overline{S_1Q_2}+\overline{S_2Q_1}-\overline{S_1S_2}\\&=\sqrt{r_{k1}^2-r_{g1}^2}+\sqrt{r_{k2}^2-r_{g2}^2}-a\sin\alpha_b\end{aligned} \tag{5.58}$$

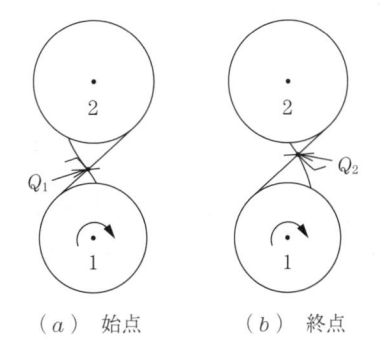

図 5.34 両歯面の接触点の存在範囲

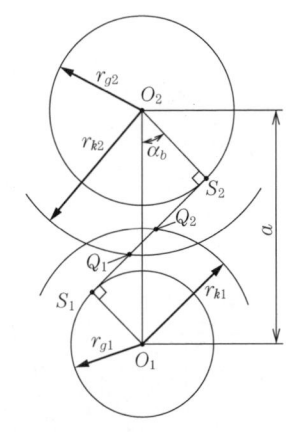

(a) 始点　　(b) 終点

図 5.35 かみあい長さ

5.5.3 かみあい率

かみあい長さを l とし，法線ピッチを t_e とするとき

$$\varepsilon = \frac{l}{t_e} \tag{5.59}$$

を**かみあい率**という．法線ピッチは作用線上で測った歯のピッチであるから，かみあい率が1よりも小さいと，**図5.36**に示すように，正常なインボリュート歯車のかみあいが連続してできなくなる．

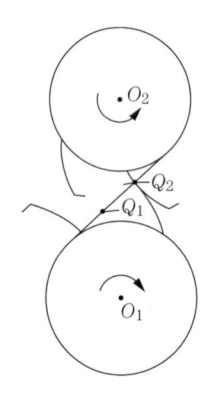

図5.36 かみあい率 $\varepsilon<1$ の場合

かみあい率 $\varepsilon=1+\Delta\varepsilon$ の場合，**図5.37**に示すように，作用線上の $\Delta\varepsilon$ の区間では2組の歯面が同時にかみあっており，残りの $1-\Delta\varepsilon$ の区間では1組の歯面のみがかみあっている．したがって，かみあい率 ε が大きいほうがより大きな負荷荷重に耐えることができる．

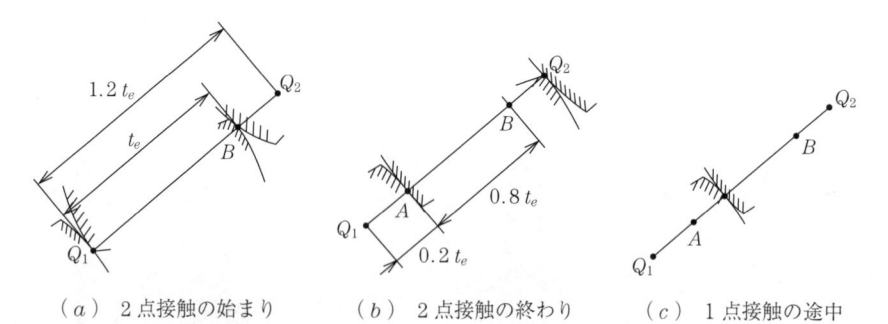

（a）2点接触の始まり　　（b）2点接触の終わり　　（c）1点接触の途中

図5.37 両歯面の接触点の個数の変化（$\varepsilon=1.2$ の例）

5.5.4 切下げ曲線の式

歯車のかみあいでは，おのおのの歯車の基礎円から上にはえているインボリュート曲面どうしがじかに接触して力を伝達しているので，インボリュート曲面が歯車設計で最も重要である．一方，ラック歯形による歯車創成では基礎円よりも下にラックで切削された曲線ができてしまう．これを切下げ曲線という．切下げ曲線は相手の歯面とじかに接触する部分ではないので力の伝達にはじかに関係しないが，歯の根元の歯幅の大小に関係し，したがって歯の強度に関係する．ここでは切下げ曲線の式を求めてみよう．

前述したように，ラックと歯車のかみあい運動は，ラックの転位量 X とはまったく無関係に，仮想的な平板と基準ピッチ円 r_0 とのころがり運動とまったく同じである．図 5.38 は地面に立っている人から見た運動であるが，求めたい切下げ曲線は，ラック角点 m がブランクを削りとるときにできる軌跡を歯車に乗った人が見たものである．

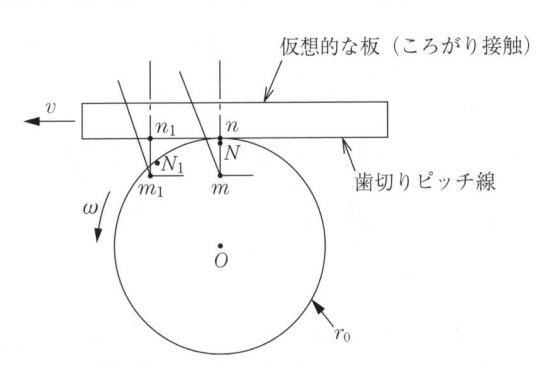

図 5.38 基準ピッチ円と平板のころがり運動

ラック角点 m が歯車中心 O のちょうど真上の y 軸上に来たときを初期位置として，点 m の軌跡を考えてみよう．図 5.38 で，初期位置において，ラック上の nm に線を描き，ブランク上に目印の点 N を打つ．初期位置では点 N は点 n と重なっている．つぎに，ラックと歯車をかみあわせながらラックを左方に動かすと，ラック上の線 nm は n_1m_1 まで移動し，ブランク上の点 N は点 N_1 まで移動する．

158　5. 歯車装置

ブランクに乗った人から見るとブランク上の点 N はつねに真上に見えるはずだから，図 **5.39** のように，真上方向の軸は y_1 軸になる。また，ラックの直動運動は基準ピッチ円 r_0 上をころがる仮想的な平板の運動とまったく同じであるから

$$\overline{nn_1} = \widehat{NN_1} \tag{5.60}$$

である。したがって，点 n_1 は基準ピッチ円 r_0 に巻いた糸の先端 N_1 をピンと張りながらほどいたときの糸先端の軌跡 v 上にある。この軌跡 v は基準ピッチ円 r_0 を（歯車の本来のではない借りの）基礎円とするインボリュート曲線になっている。

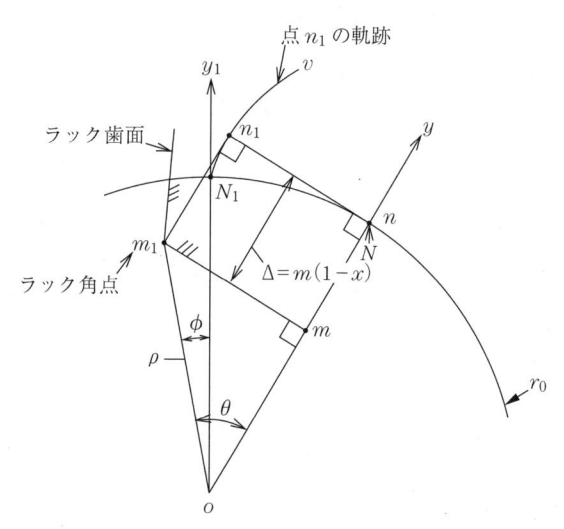

図 5.39　ブランクに乗って見たときのラック角点 m の軌跡

求めたい切下げ曲線の式は点 m_1 をブランク上に固定した $x_1 y_1$ 座標で表現すればよい。ここでは図のように，点 m_1 を極座標（ρ, ϕ）で表現してみる。

$$\overline{mm_1} = \overline{nn_1} = \widehat{NN_1} = r_0(\theta - \phi), \quad \overline{mm_1} = \rho \sin\theta, \quad \therefore \quad \rho \sin\theta = r_0(\theta - \phi) \tag{5.61}$$

$$\overline{om} = \overline{on} - \overline{mn} = r_0 - \Delta, \quad \overline{om} = \rho \cos\theta, \quad \therefore \quad \rho \cos\theta = r_0 - \Delta \tag{5.62}$$

したがって，点 m_1 の極座標 (ρ, ϕ) は媒介変数 θ を用いて以下のようになる。

$$\tan \theta = \frac{r_0}{r_0 - \Delta}(\theta - \phi), \quad \therefore \quad \phi = \theta - \frac{r_0 - \Delta}{r_0} \tan \theta \tag{5.63}$$

$$\rho = \frac{r_0 - \Delta}{\cos \theta} \tag{5.64}$$

5.6 遊星歯車装置

5.6.1 作表法を用いた遊星歯車装置の解析

軸が固定されていないときの歯車装置は図 **5.40** のようになる。

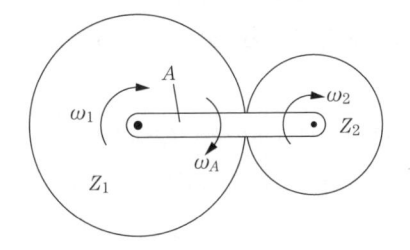

図 **5.40** 遊星歯車装置

中心にある歯車を**太陽歯車**（sun gear）といい，太陽歯車のまわりを公転する歯車を**遊星歯車**（planetary gear）という。また，歯車の軸を載せている機械要素を**腕**（arm, carrier, spider）という。遊星歯車を用いているものを**遊星歯車装置**といい，歯車や腕の回転の差を出力として取り出せるものを**差動歯車装置**（differential gear）という。

各機械要素（歯車2枚や軸を載せるための腕 A など）の自転の関係は**作表法**を用いて簡単に求めることができる。図 **5.41** のように，機械要素に矢印を描いておき，それを点 A まわりに θ だけ回転したあとと別の点 B まわりに同じ角度だけ回転したあとの両方の矢印を比べてみると，矢印の位置は異なるが，方向は同じである。したがって，機械要素の自転は回転中心の位置とは無関係である。図 **5.40** の基本的な遊星歯車装置に作表法を適用してみよう。

〔**1**〕**作 表 手 順**　　腕を含め，各機械要素の列を作る。各機械要素の自転

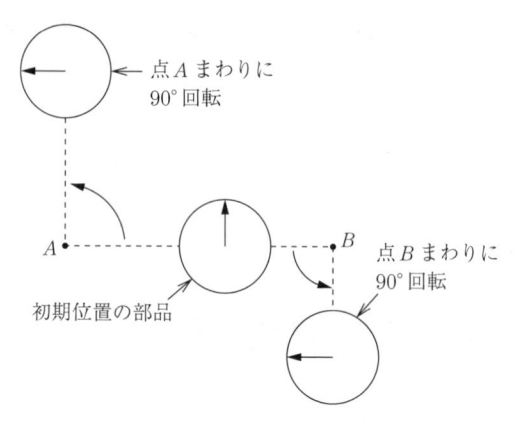

図 5.41 機械要素の自転

の単位と自転の正方向を右上に明示するとよい。単位は，例えば，°や rad や rev などか，または，それらの時間微分である rad/s や rpm などのいずれでもよい。以下の3行を作表する。

〔2〕 **全体のり付け**　実際には各歯車はおのおのの軸まわりに自由に回転できるが，かりにすべての回転軸を接着剤で腕に固定してしまい，装置全体を一体ものとして a だけ回転する。回転中心は任意でよいが，例えば考えやすい点 O まわりに回転する。

〔3〕 **腕 固 定**　歯車を軸まわりに自由に回転できる当初の状態として，今度は腕をかりに固定してみる。腕を固定することは回転軸を固定することと同じであるから，固定軸における歯車どうしの回転を調べればよい。

基本式は

$$bz_1 = b_2 z_2 \quad \therefore \quad b_2 = \frac{z_1}{z_2} b \tag{5.65}$$

である。回転方向を表す正負は後で付加する。歯が外向きに付いている外歯車どうしの場合は，回転方向が逆になるので符号を逆にするが，内歯車の場合は，回転方向が同じなので符号は逆にしない。

〔4〕 **合成結果**　〔2〕の全体のり付けで回転した後，〔3〕の腕固定で回転した合成結果はこれら2行の自転量を各機械要素ごとに加えればよい。全

表 5.5 遊星歯車装置の作表〔⊕, rpm〕

手　順	太陽歯車 1	遊星歯車 2	腕 A
(イ) 全体のり付け	a	a	a
(ロ) 腕固定	b	$-\dfrac{z_1}{z_2}b$	0
(ハ) 合成結果	$a+b$	$a-\dfrac{z_1}{z_2}b$	a

体のり付けと腕固定の適用順序は任意で，全体のり付けと腕固定での回転を同時に実行しても結果は同じになる（**表 5.5**）。

得られた表の合成結果で (a,b) を未知数とみなし，以下のような種々の与条件から連立方程式を作り，それを解くと未知数 (a,b) を求めることができ，すべての量がわかる。

〔5〕 **ケース 1**　太陽歯車を地面に固定し，かつ，腕を θ_A だけ回転してみよう。与条件より

$$a+b=\theta_1=0, \quad a=\theta_A \tag{5.66}$$

ここでは，θ_A は既知として，θ_2 を θ_A で表すと

$$\theta_2 = a - \frac{z_1}{z_2}b = \theta_A - \frac{z_1}{z_2}(-\theta_A) = \theta_A\left(1+\frac{z_1}{z_2}\right) \tag{5.67}$$

したがって，入力を腕の回転角とし，出力を歯車 2 の回転角としたときの速比 u は

$$u = \frac{\theta_2}{\theta_A} = 1 + \frac{z_1}{z_2} \tag{5.68}$$

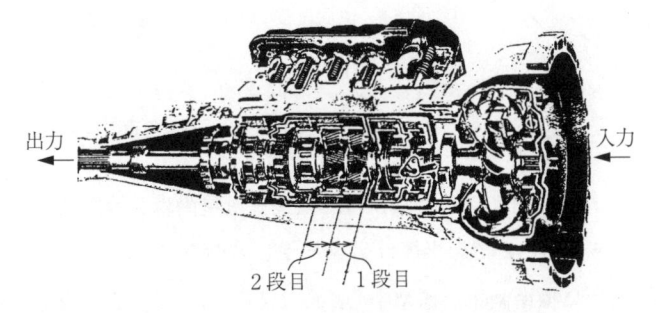

図 5.42　AT 車の変速装置内の遊星歯車装置

となる。

　(太陽，遊星，腕)，または，(太陽，遊星，内，腕)の遊星歯車を2段以上，直列に連結し，装置全体が1自由度(独立変数が1個ということと同じ)になるように適宜，固定条件等を付加すると，図 5.42 のような AT 車の変速装置や以下の演習のように，いろいろな速比の装置を得ることができる。【11】～【13】の演習では，部品番号を添字にしてその歯数や回転数等を適宜，表せ。

5.6.2　遊星歯車のはめ込み条件

　図 5.43 のように n 個の遊星歯車を腕上で等角度に配置してはめ込むための条件を求めてみる。実際に遊星歯車がはめ込まれているとすると，図のように隣接する遊星歯車で囲まれた太く描かれた仮想的な**歯付きベルト**を考えられるはずである。このときベルト一周に沿ってベルトの歯を勘定すると，ベルトの歯の円周ピッチ p が整数 k 個だけ存在する。ここで**円周ピッチ p は JIS ラックのピッチ** πm と同じである。したがって

$$\text{ベルト長} = p \cdot k \tag{5.69}$$

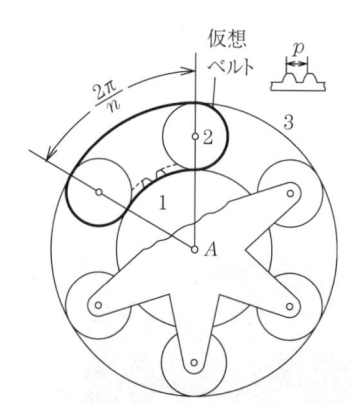

図 5.43　遊星歯車のはめ込み

　一方，ベルト長は図より内歯車3の円弧長＋遊星歯車2の円周長＋太陽歯車1の円弧長である。ここでの半径は歯車どうしのかみあいピッチ円半径であるが，簡単のために標準歯車が標準中心距離でかみあっていると仮定すると，かみあいピッチ円半径 r_b は基準ピッチ円半径 $r_0 = mz/2$ であるから

$$\text{ベルト長} = r_{03}\frac{2\pi}{n} + r_{02} \cdot 2\pi + r_{01}\frac{2\pi}{n} \tag{5.70}$$

である．したがって

$$\frac{mz_3}{2}\frac{2\pi}{n} + \frac{mz_2}{2}2\pi + \frac{mz_1}{2}\frac{2\pi}{n} = \pi mk \tag{5.71}$$

$$\therefore \quad \frac{z_3 + z_1}{n} = k - z_2 = k' \text{（整数）} \tag{5.72}$$

すなわち，内歯車の歯数 z_3 と太陽歯車の歯数 z_1 の和を遊星歯車の数 n で割ると，必ず整数にならなければならない．

〔遊星歯車の歯数 z_2 の式〕　作表法では初めから各歯車の歯数が与えられているが，遊星歯車の歯数は内歯車と太陽歯車の歯数と関係がある．ここでも歯車は標準歯車であり，歯車どうしは標準中心距離でかみあっているものと仮定すると，図 **5.44** より

$$r_{03} = 2r_{02} + r_{01}, \quad \therefore \quad z_{03} = 2z_{02} + z_{01} \tag{5.73}$$

であり，したがって

$$z_{02} = \frac{z_{03} - z_{01}}{2} \tag{5.74}$$

である．

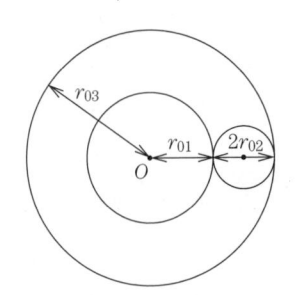

図 **5.44**　遊星歯車装置における基準ピッチ円の関係

5.6.3　作表法を用いた差動ねじの運動解析

遊星歯車で用いた作表法は，歯車に限らず，以下のような**複式ねじ**（double threaded screw）や**差動ねじ**（differential screw）の運動を解析するためにも応用できる．

例題 5.8 図 5.45 の複式ねじ装置で,軸 1 を θ 回転するとき,ブロック 3 の変位 l_3〔mm〕を求めよ。ただし,土台 2 とブロック 3 の**ねじ部ピッチ**は,おのおの p_2〔mm〕, p_3〔mm〕とする。

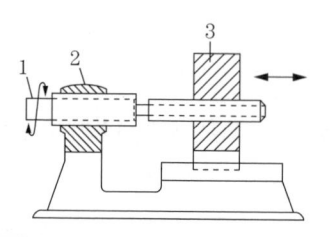

図 5.45 複式ねじ装置

【解答】 構成部品である軸 1,土台 2,ブロック 3 の列を作り,おのおのの部品の(回転数〔rev〕,直動変位〔mm〕)組について作表すると,以下のようになる(**表 5.6**)。

表 5.6 複式ねじの作表 〔↺, → : rev, mm〕

手 順		ねじ軸	土 台	ブロック
(イ)	全体のり付け	(θ, δ)	(θ, δ)	(θ, δ)
(ロ)	ねじ軸固定	$(0, 0)$	$(\alpha, p_2\alpha)$	$(\beta, p_3\beta)$
(ハ)	合成結果	(θ, δ)	$(\theta+\alpha, \delta+p_2\alpha)$	$(\theta+\beta, \delta+p_3\beta)$

◇

(ロ)で固定する部品を複数のねじが切ってある部品にすると,その他の部品の運動を簡単に見積もることができる点に注目せよ。

土台の(回転数,直動変位)とブロックの回転数は 0 であるから

$\theta+\alpha=0$, $\delta+p_2\alpha=0$, $\theta+\beta=0$

未知数は $(\theta, \delta, \alpha, \beta)$ の 4 個であるが,上の三つの方程式より,独立変数は 1 個になる。

いま,独立変数をねじ軸回転数 θ とすると,ブロックの直動変位 l_3 は

$l_3 = \delta + p_3\beta = p_2\theta + p_3(-\theta) = (p_2 - p_3)\theta$

したがって,両方のねじピッチの差を小さくすると,ブロックを左右に微動させることができる。

演 習 問 題

【1】 問図 5.1 に示すような歯数 $Z_1=20$, $Z_2=14$, 中心距離 $a=103$ mm の一対の歯車について, かみあいピッチ円 r_{b1}, r_{b2} を計算せよ。

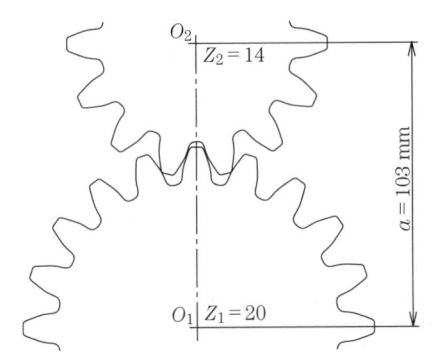

問図 5.1

【2】 モジュール m, 歯数 Z の歯車において, 基礎円半径 r_g を (m, Z, α_0) を用いて表せ。

【3】 歯数 $Z=30$, モジュール $m=3$ の歯車がラックとかみあっている。歯車の回転角速度 $\omega=10$ rad/s とすれば, ラックはどれほどの速度 v で動くか。

【4】 歯数 $Z_1=21$, $Z_2=66$, モジュール $m=2$ の一対の歯車で, Z_1 歯車の回転数を $n_1=335$ rpm とする。
 （1） 両歯面の接触点 Q が作用線上を移動する速度 v_Q〔mm/s〕を求めよ。
 （2） 歯車1が $\theta_1=45°$ 回転するときの接触点 Q の移動量 ΔQ〔mm〕を求めよ。
 （3） 歯車1が $\theta_1=45°$ 回転するときの歯車2の回転角度 θ_2 を求めよ。

【5】 図 5.26 で歯数 $Z_1=67$, $Z_2=85$, 中心距離 $a=153$ mm, モジュール $m=2$ とする。
 （1） 歯車1が $\theta_1=30°$ 回転したとき, 歯車2の回転角 θ_2 を求めよ。
 （2） 歯車1の角速度を $\omega_1=10$ rad/s として歯車2の角速度 ω_2 を求めよ。
 （3） かみあい圧力角 α_b を求めよ。
 （4） かみあいピッチ円半径 r_{b1}, r_{b2} を求めよ。

【6】 モジュール $m=2$, 歯数 $Z_1=23$, $Z_2=62$ の1組の歯車の転位係数を $x_1=0.2$,

$x_2=-0.5$ とする。法線方向バックラッシ $C_n=0.196\,\mathrm{mm}$ として中心距離 a を求めよ。

【7】 モジュール $m=3$, 歯数 $Z_1=20$, $Z_2=45$ の1組の歯車を中心距離 $a=100\,\mathrm{mm}$, 法線方向バックラッシ $C_n=0\,\mathrm{mm}$ でかみあわせたい。転位係数の和 $x_{12}=x_1+x_2$ を求めよ。

【8】 中心距離 $a=63.9\,\mathrm{mm}$, 歯数 $Z_1=17$, $Z_2=25$, 転位係数 $x_1=0.01$, $x_2=0.305\,43$, バックラッシ $C_n=0\,\mathrm{mm}$ で一対の歯車がかみあっているとする。
 （1） モジュール m を求めよ。
 （2） (a, Z_1, x_1, m, C_n) はそのままとして, $Z_2=26$ としたい。x_2 を求めよ。

【9】 原動軸の回転数 $n_1=3\,000\,\mathrm{rpm}$, 従動軸の回転数 $n_2=1\,920\,\mathrm{rpm}$ の2軸間の伝

問表 5.1

項　目		設計値（イ）	設計値（ロ）
歯　数	Z_1		
	Z_2		
モジュール	m		
転位係数の和	x_{12}		
転位係数	x_1		
	x_2		
基礎円半径	r_{g1}		
	r_{g2}		
かみあいピッチ円半径	r_{b1}		
	r_{b2}		
かみあい圧力角	α_b		
歯先円半径	r_{k1}		
	r_{k2}		
法線ピッチ	t_e		
中心距離	a	84 mm	
バックラッシ	C_n	0.1 mm	
かみあい長さ	l		
かみあい率	ε		
中心距離増加係数	y		
切下げなしの最小の転位係数	x_{1u}		
	x_{2u}		

演習問題

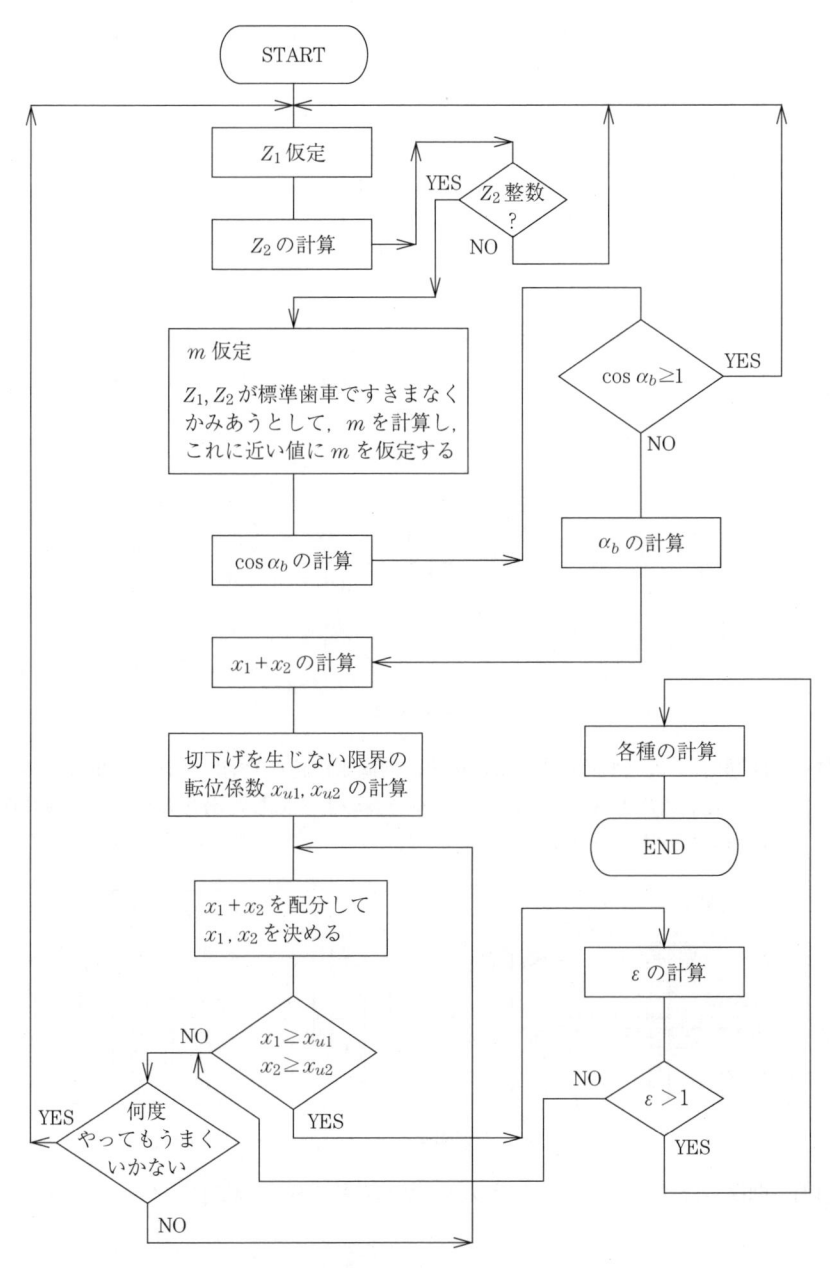

```
                    START
                      │
                      ▼
                  ┌────────┐
                  │ Z₁ 仮定 │
                  └────────┘
                      │
                      ▼
                  ┌────────┐      YES  ┌─────────┐
                  │Z₂の計算├─────────→│Z₂整数?  │
                  └────────┘           └─────────┘
                      ▲                    │ NO
                      └────────────────────┘
                      │
                      ▼
        ┌──────────────────────────┐
        │ m 仮定                    │
        │ Z₁, Z₂が標準歯車ですきまなく│           ┌──────────┐ YES
        │ かみあうとして, mを計算し,  │      ┌──→│ cos αb≥1 ├─────→
        │ これに近い値にmを仮定する   │      │    └──────────┘
        └──────────────────────────┘      │         │ NO
                      │                    │         ▼
                      ▼                    │   ┌──────────┐
              ┌─────────────┐              │   │ αb の計算 │
              │ cos αb の計算├──────────────┘   └──────────┘
              └─────────────┘                        │
                      │                              │
                      ▼                              │
              ┌──────────────┐                       │
              │ x₁+x₂ の計算 │←──────────────────────┘
              └──────────────┘
                      │                        ┌──────────┐
                      ▼                        │ 各種の計算│
        ┌─────────────────────┐                └──────────┘
        │ 切下げを生じない限界の│                     │
        │ 転位係数 xu1, xu2 の計算│                   ▼
        └─────────────────────┘                  ┌─────┐
                      │                          │ END │
                      ▼                          └─────┘
          ┌──────────────┐
          │ x₁+x₂を配分して│
          │ x₁, x₂を決める │                ┌──────────┐
          └──────────────┘                 │ ε の計算  │
                      │                    └──────────┘
        NO  ┌─────────────┐                     │
      ┌────┤ x₁≥xu1      │                     ▼
      │    │ x₂≥xu2      │              NO  ┌──────┐
      │    └─────────────┘              ┌──┤ ε>1  │
      ▼         │ YES                   │   └──────┘
   ┌──────┐    │                        │     │ YES
   │何度  │    │                        │     │
YES│やっても├←─┘                        │     │
←──│うまく │
   │いかない│
   └──────┘
      │ NO
```

問図 5.2 設計手順

動に用いる歯車を設計したい。中心距離 $a=84$ mm，バックラッシ $C_n=0.1$ mm，両歯車とも切下げなしで，歯数は16以上で，かつ，50以下とする。**問表 5.1** に**問図 5.2** の設計手順を参考にして結果をまとめよ。なお，計算値は有効数字8桁とせよ。歯数の組 (Z_1, Z_2) ごとに諸元を計算せよ（ヒント：速比の条件を満足する歯数の組が2通りある）。

【10】 モジュール $m=3$，歯数 $Z_1=12$，$Z_2=16$，転位係数 $x_1=0.3$，$x_2=0.02122$，バックラッシ $C_n=0$ の一対の歯車のかみあい率 ε を求めよ。

【11】 問図 5.3 の差動歯車装置で，腕 A を左回りに $N_A=10$ 回転させながら，歯車1を右回りに $N_1=10$ 回転させたとする。歯車4はどちら向きに何回転するか。なお，歯車2と3は一体ものの部品である。

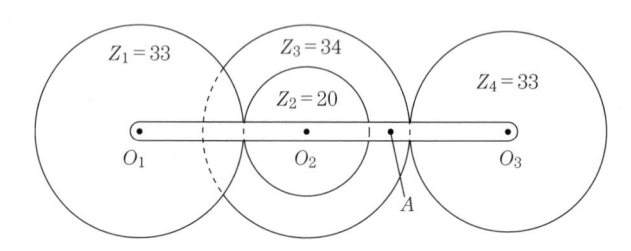

問図 5.3

【12】 問図 5.4 は（太陽歯車，遊星歯車，内歯車，腕）で構成される遊星歯車装置である。入出力メンバと固定メンバを表のようにした場合のおのおのの減速比 $R=1/u$ を導出せよ。

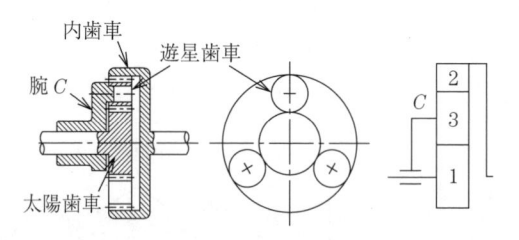

問図 5.4

入力	出力	固定
1	2	C
2	1	C
1	C	2
C	1	2
2	C	1
C	2	1

【13】 問図 5.5 はいろいろな2段の遊星歯車装置である。減速比 $R=1/u$ を導出せよ。

【14】 図 5.43 の差動歯車装置について，以下の問いに答えよ。ただし，歯車1，2，

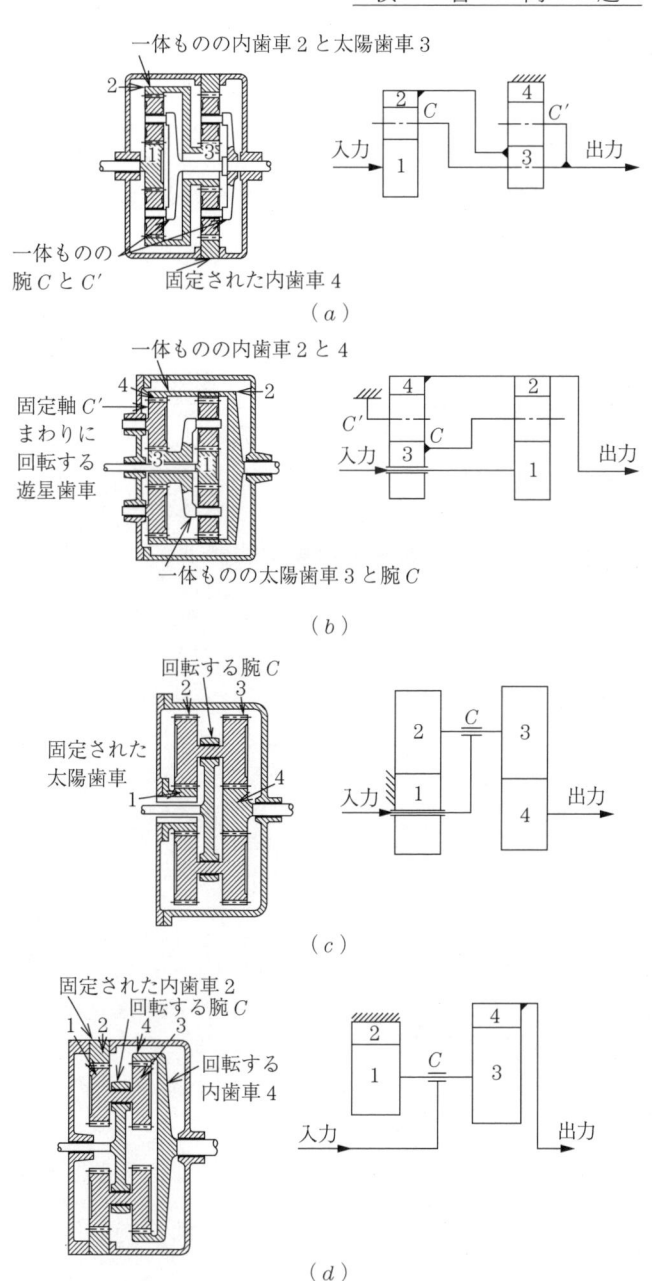

演習問題

一体ものの内歯車2と太陽歯車3

一体ものの
腕CとC'　固定された内歯車4

(a)

一体ものの内歯車2と4

固定軸C'
まわりに
回転する
遊星歯車

一体ものの太陽歯車3と腕C

(b)

回転する腕C

固定された
太陽歯車

(c)

固定された内歯車2
回転する腕C

回転する
内歯車4

(d)

問図 5.5　いろいろな2段遊星歯車装置

3の歯数をおのおの z_1, z_2, z_3 とする。

(1) 歯車3を固定したときの速比 $u=n_A/n_1$ の式を作表法で求めよ。

(2) 歯車3を固定し，速比 $u=n_A/n_1=1/3$，遊星歯車の数 $n=6$ としたい。歯車はすべて切下げなしの標準歯車で，歯車どうしはおのおの標準中心距離でかみあっているものとする。歯数 z_1, z_2, z_3 を求めよ。

【15】 問図 **5.6** の差動ねじ装置で，ノブ軸を θ だけ回転したときの直動軸の変位 l_3 を求めよ。

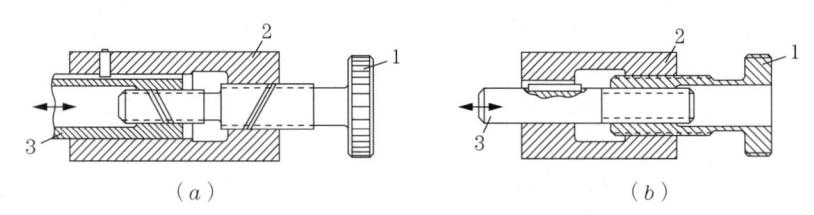

(a)   (b)

問図 **5.6**　差動ねじ装置

引用・参考文献

1) 稲田重男，森田　鈞：大学課程　機構学，オーム社（1966）
2) 稲田重男，森田　鈞，前田禎三，井沢　実，下郷太郎：大学演習　機構学，オーム社（1970）
3) 牧野　洋，高野政晴：機械運動学，コロナ社（1978）
4) 酒井高男：機構学大要，養賢堂（1967）
5) 多々良陽一，小川鑛一：機構学，共立出版（1977）
6) 佃　勉：機構学，コロナ社（1968）
7) 安田仁彦：機構学，コロナ社（1983）
8) 吉村元一：機構学，山海堂（1968）
9) 中田　孝：転位歯車，誠文堂新光社（1949）
10) 小峯龍男：Mathematica によるメカニズム，東京電機大学出版局（1997）
11) 伊藤　茂：メカニズムの事典，理工学社（1983）
12) 日経メカニカル編：メカアイデア事典，日経 BP 社（1993）
13) 石川二郎：機械要素（2），コロナ社（1958）
14) 芦葉清三郎：機械運動機構，技報堂出版（1957）
15) 山本福一：機械機構学，日刊工業新聞社（1957）
16) 井上安之助，庄司不二男：機構学・機械力学演習，産業図書（1958）
17) 伊理正夫，藤野和建：数値計算の常識，共立出版（1985）
18) 栗田　稔：微分形式とその応用，現代数学社（2002）
19) 北郷　薫，玉置正恭：機構学および機械力学，工学図書株式会社（1983）
20) 塩崎義弘，日根和夫，末永勝彦：新しい機構学，共立出版（1982）
21) 吉沢武男，吉野達治：機械要素設計，裳華房（1962）
22) 井垣　久，川島成平，中山英明，安富雅典：機構学，朝倉書店（1989）
23) 三田純義，朝比奈奎一，黒田孝春，山口健二：機械設計法，コロナ社（2000）
24) Chironis, N. P. and Sclater, N.：Mechanisms and mechanical devices source book, McGraw-Hill（1991）
25) Mallik, A. K., Ghosh, A., and Dittrich, G.：Kinematic analysis and synthesis of mechanisms, CRC Press（1994）

26) Hunt, K. H. : Kinematic geometry of mechanisms, Oxford University Press (1978)
27) Rudolph, P. K. C. : High-lift systems on commercial subsonic airliners, NASA contractor report 4746 (1996)
28) Kortenkamp, U. : Foundations of dynamic geometry, Diss. ETH No. 13403 (1999)

演習問題解答

1章

【1】 リンク数を n とし,回転対偶と直動対偶をおのおの R と P で表す。
- (a) $n=3$ で 3R だから
  $F=3(3-1)-3(3-1)=0$
- (b) $n=4$ で 3R, 1P(スライダと土台間は直動)だから
  $F=3(4-1)-4(3-1)=1$
- (c) $n=6$ で 7R だから
  $F=3(6-1)-7(3-1)=1$
- (d) 3個のリンクがささり込んでいる回転対偶が1個あるので,それを2R に変形し,1対偶には2個のリンクしかささり込まないようにする。$n=6$ で,6R+追加した1R=7R個だから
  $F=3(6-1)-7(3-1)=1$
- (e) 3個以上のリンクがささり込んでいる回転対偶が6個あるので,(d)と同様に,おのおのの回転対偶に R を追加し,1対偶には2個のリンクしかささり込まないようにしてもよいが,左右の三角形は自由度 0 だから,その部分は変形しないので,おのおの,三角形の板リンクに置換する。三角形部分を板リンクと考えると,1対偶に2個のリンクしかささり込んでいないので変形は不要。$n=6$ で 7R だから
  $F=3(6-1)-7(3-1)=1$

【2】 (a) 解図 **1.1** より,$n=6$ で 5R, 2P(左右にスライドする直動対偶がテーブル部分と土台部分に1個ずつある)。だから,$F=3(6-1)-7(3-1)=1$
- (b),(c)も同様に考える。
- (b) $n=10$ で 10R, 4P(左右にスライドする直動対偶がテーブル部分と土台部分に4個ある)だから
  $F=3(10-1)-14(3-1)=-1$ (過拘束のためマイナス)
- (c) $n=8$ で 8R, 2P(左右にスライドする直動対偶がテーブル部分と土台部分に2個ある)だから
  $F=3(8-1)-10(3-1)=1$

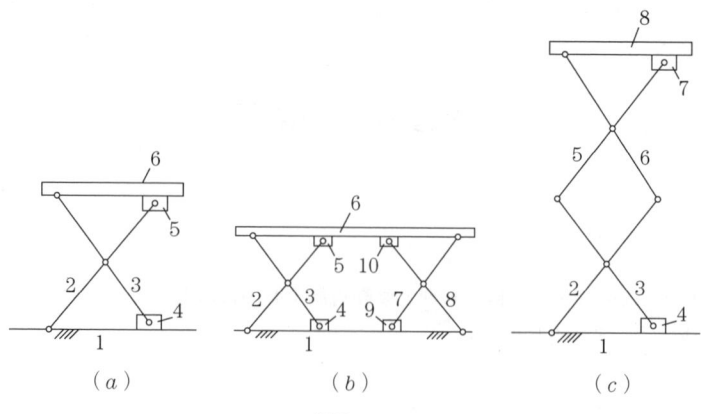

解図 1.1

(a) / (b) / (c)

【3】 問図 1.3〜1.6 の瞬間中心は，それぞれ**解図 1.2〜1.5** のとおり。問図 1.6 のカム装置の補足は**解図 1.6** である。瞬間中心の定義より，$\omega_3\times\overrightarrow{oa}={}^3v_a={}^2v_a$ リンク 2 は直動するので，${}^2v_a={}^2v_p$。$\therefore {}^2v_a$ で動く座標系に乗って見たリンク 2 上の点 p の相対速度は ${}^2v_{p,a}={}^2v_p-{}^2v_a=0$ であるから，リンク 2 上の点 p は静止して見える。一方，${}^3v_p=\omega_3\times\overrightarrow{op}$ だから，${}^3v_a$ で動く座標系に乗って見たリンク 3 上の点 p の相対速度は ${}^3v_{p,a}={}^3v_p-{}^3v_a=\omega_3\times(\overrightarrow{op}-\overrightarrow{oa})=\omega_3\times\overrightarrow{ap}$ ($\perp\overrightarrow{ap}$)。したがって，リンク 2 上の点 p に対するリンク 3 上の点 p のすべり速度は左方に $\omega_3\cdot ap$ である。

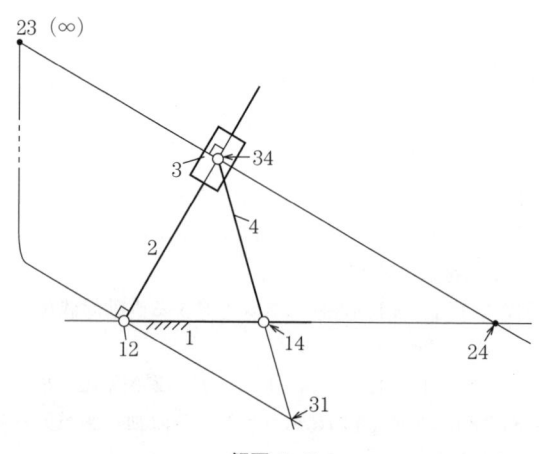

解図 1.2

演習問題解答　*175*

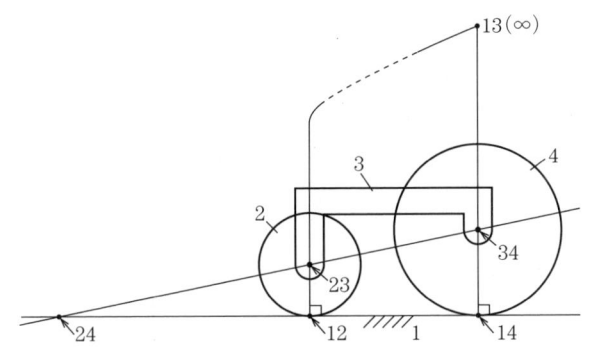

解図 **1.3**

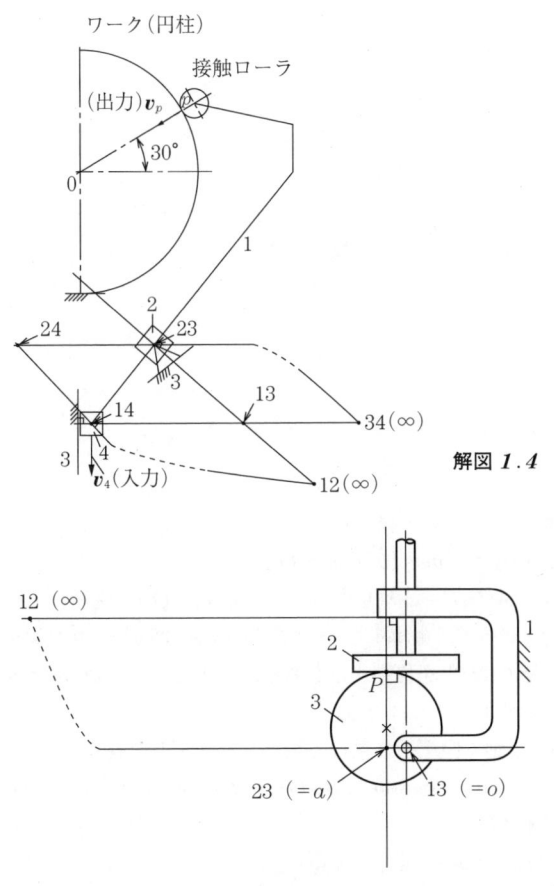

解図 **1.4**

解図 **1.5**

176   演習問題解答

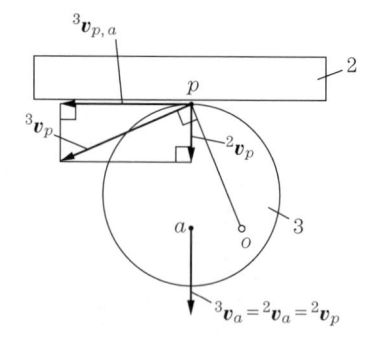

解図 1.6

【4】（1） 点 P は瞬間中心 12 になることに注意（**解図 1.7**）。

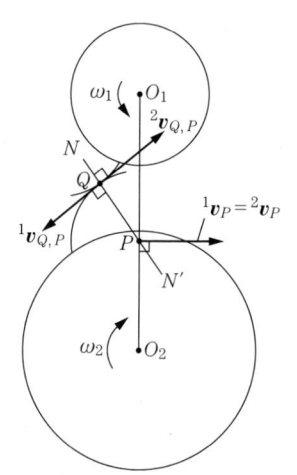

解図 1.7

（2） 瞬間中心 12 の定義より
$$\omega_1 \times \overrightarrow{O_1 P} = {}^1\boldsymbol{v}_P = {}^2\boldsymbol{v}_P = \omega_2 \times \overrightarrow{O_2 P}$$
$$\therefore \quad \omega_1 \cdot O_1 P = \omega_2 \cdot O_2 P, \quad (u=) \quad n_2/n_1 = O_1 P / O_2 P$$
したがって，歯車 1 を一定の回転数 n_1 で回転させた場合でも，点 P が線分 $O_1 O_2$ 上を移動するならば，歯車 2 の回転数 n_2 は $n_1(O_1 P/O_2 P)$ で変動することになる。

（3） ${}^1\boldsymbol{v}_P$ で動く座標系に乗って見たリンク 1 上の点 Q の相対速度は
$$ {}^1\boldsymbol{v}_{Q,P} = {}^1\boldsymbol{v}_Q - {}^1\boldsymbol{v}_P = \boldsymbol{\omega}_1 \times (\overrightarrow{O_1 Q} - \overrightarrow{O_1 P}) = \boldsymbol{\omega}_1 \times \overrightarrow{PQ} \quad (\perp \overrightarrow{PQ})$$
同様にして
$$ {}^2\boldsymbol{v}_{Q,P} = \boldsymbol{\omega}_2 \times \overrightarrow{PQ} \quad (\perp \overrightarrow{PQ})$$
したがって，歯面 2 上の接触点 Q に対する歯面 1 上の接触点 Q のすべり

速度は
$${}^1\boldsymbol{v}_{Q,P} - {}^2\boldsymbol{v}_{Q,P} = (\boldsymbol{\omega}_1 - \boldsymbol{\omega}_2) \times \overrightarrow{PQ}$$
である。

ここで，ω_2 は ω_1 と逆向きだから負にして大きさをとると，結局，歯面2上の接触点 Q に対する歯面1上の接触点 Q のすべり速度の大きさは $(\omega_1 + \omega_2) \cdot PQ$ になる。

【5】 (1)，(2) は**解図 1.8** のとおり。

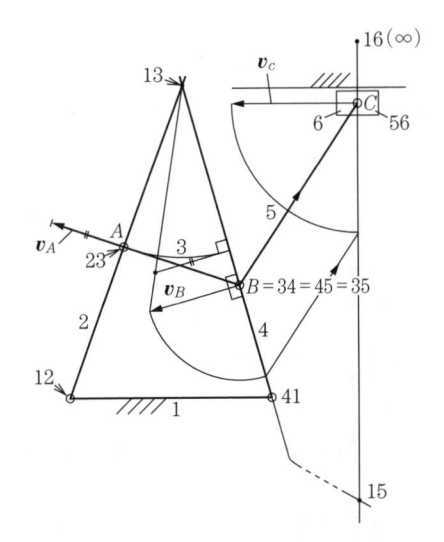

解図 1.8

【6】 (1) $n=4$, $3R1P$ より $F=3(n-1)-\sum(3-f_i)=3(4-1)-4(3-1)=1$
(2)(3) は**解図 1.9** のとおり。

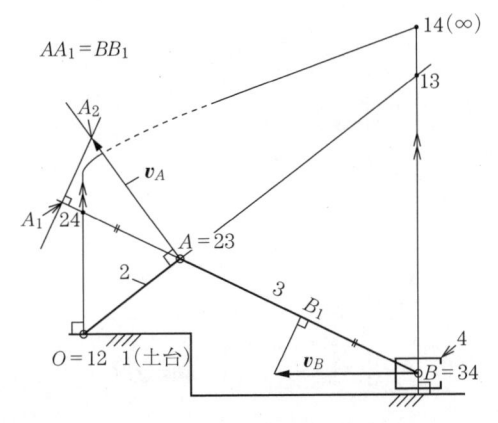

$AA_1 = BB_1$

解図 1.9

2章

【1】 リンク i の長さを l_i とする。

(1) △OBC の正弦定理より
$$l_1 S_\phi = l_4 S_{\theta-\phi}$$
すべての変数を時間関数とみなし，両辺の時間微分をとり
$$l_1 C_\phi \dot\phi = l_4 C_{\theta-\phi} \cdot (\dot\theta - \dot\phi)$$
したがって，$\dot\phi$ について解くと
$$\dot\phi = \frac{l_4 C_{\theta-\phi} \dot\theta}{l_1 C_\phi + l_4 C_{\theta-\phi}} = \frac{\dot\theta}{1 + \dfrac{l_1 C_\phi}{l_4 C_{\theta-\phi}}}$$

(2) △OBC の余弦定理より
$$a^2 = l_1^2 + l_4^2 - 2l_1 l_4 C_{\pi-\theta} = l_1^2 + l_4^2 + 2l_1 l_4 C_\theta$$
$$\therefore \quad a = \sqrt{l_1^2 + l_4^2 + 2l_1 l_4 C_\theta}$$
両辺の時間微分をとり
$$2a\dot a = -2l_1 l_4 S_\theta \dot\theta$$
$$\therefore \quad \dot a = -\left(\frac{l_1 l_4 S_\theta}{a}\right)\dot\theta$$

(3) (1)と(2)の結果より
$S_{\theta-\phi} = 0.785\,714\,29$
$\therefore \quad \theta - \phi = 51.786\,789°$，$\theta = 81.787°$，$\dot\phi = 56.250$ 〔rpm〕，$a = 346.41$ 〔mm〕，$\dot a = -2\,591.8$ 〔mm/s〕

(4) 点 C の軌跡は中心 B，半径 $BC = l_4$ の円であり，ガイド 2 はその円に外接するところまで揺動できる。
△OBH_1 より

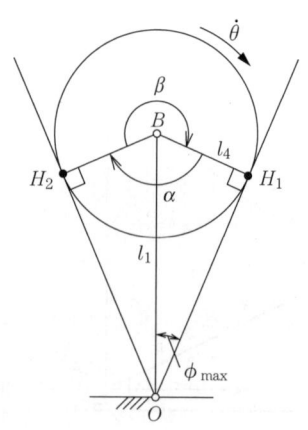

解図 2.1

$$\sin \phi_{\max} = \frac{l_4}{l_1} = 0.636\,363\,63$$

$$\therefore \quad \phi_{\max} = 39.521\,196°, \quad \alpha = 180° - 2\phi_{\max} = 100.957\,61°$$

解図 2.1 より

$$\rho = \frac{\alpha}{\beta} = \frac{\alpha}{360° - \alpha} = \frac{1}{(360/\alpha) - 1} = 0.389\,73$$

【2】問図 2.2 の回転対偶の4点 $38b''-38c''-38f''-38g''$ でできる部分と4点 $38a''-38b''-38e''-38d''$ でできる部分。問図 2.3 の回転対偶の4点 $1-2-3-4$ でできる部分。

【3】(1) まず $\triangle EBA$ と $\triangle ADF$ が相似であることを示す($\triangle EBC$ と $\triangle CDF$ が相似より

$$EB : BC = CD : DF$$

四角形 $ABCD$ が平行四辺形より

$$BC = AD, \quad CD = BA$$

したがって,比例式の BC, CD をおのおの,AD, BA で置換し

$$EB : AD = BA : DF$$

$$\therefore EB : BA = AD : DF$$

一方,$\triangle EBA$ の2辺 EB と BA の狭角 $\angle EBA = 2\pi - \theta - (\pi - \phi) = \pi - \theta + \phi$,$\triangle ADF$ の2辺 AD と DF の狭角 $\angle ADF$ も同じく $\pi - \theta + \phi$ である。

$$\therefore \angle EBA = \angle ADF$$

したがって,2辺の比とその狭角が等しい)。

つぎに $\triangle EAF$ と $\triangle EBC$(と $\triangle CDF$)が相似であることを示す(まず,$EA : AF = EB : AD = EB : BC$。また

$$\angle EAF = \angle EAB + \phi + \angle DAF = \angle AFD + \phi + \angle DAF$$

一方,$\triangle AFD$ で

$$\angle AFD + \angle DAF = \pi - \angle ADF = \pi - (\pi - \theta + \phi) = \theta - \phi$$

$$\therefore \angle EAF = \theta - \phi + \phi = \theta$$

したがって,二辺の比とその狭角が等しい)。

(2) 性質(1)より,$\triangle AEF$ の点 E と点 F がおのおの点 E_1 と点 F_1 に移動しても $\triangle AEF$ と $\triangle AE_1F_1$ は相似である。したがって,$\triangle AEE_1$ と $\triangle AFF_1$ も相似になる。

$$\therefore \frac{FF_1}{EE_1} = \frac{AF}{AE} = \frac{BC}{BE} \quad (\equiv R \text{ 一定})$$

また,$\overrightarrow{EE_1}$ から時計まわりに順次,ベクトル $\overrightarrow{EA}$, $\overrightarrow{AF}$, $\overrightarrow{FF_1}$ を描

くとその間の角度がおのおの α, $\pi-\theta$, $\pi-\alpha$ であり，したがって $\overrightarrow{EE_1}$ から $\overrightarrow{FF_1}$ への角度は反時計まわりに θ になる．

(3) 性質（1）より，$\triangle AEF$ の点 A と点 F がおのおの点 A_1 と点 F_1 に移動しても $\triangle AEF$ と $\triangle A_1EF_1$ は相似である．したがって，$\triangle AA_1E$ と $\triangle FF_1E$ も相似になる．

$$\therefore \quad \frac{FF_1}{AA_1} = \frac{FE}{AE} = (1+R^2-2RC_\theta)^{\frac{1}{2}}$$

（$\triangle AEF$ の余弦定理より，$FE = (AE^2 + AF^2 - 2AE \cdot AF \cdot C_\theta)^{1/2}$，$R \equiv AF/AE$ を代入して，$FE = AE(1+R^2-2RC_\theta)^{1/2}$）．

$\overrightarrow{AA_1}$ から $\overrightarrow{FF_1}$ への角度は図より時計まわりで，$\varepsilon \equiv \angle(\overrightarrow{EA}, \overrightarrow{EF})$ に等しい．$\triangle AEF$ の正弦定理より

$$S_\varepsilon = \left(\frac{AE}{EF}\right)RS_\theta$$

余弦定理より

$$C_\varepsilon = \left(\frac{AE}{EF}\right)(1-RC_\theta)$$

したがって

$$\tan\psi = \tan\varepsilon = \frac{S_\varepsilon}{C_\varepsilon} = \frac{RS_\theta}{1-RC_\theta}$$

3章

【1】

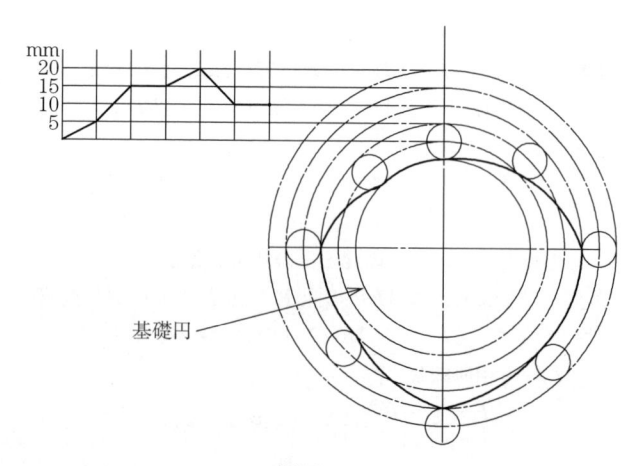

解図 3.1

【2】 高速カムなので，圧力角は 30° 以下とする。

$$r_g \geq \frac{240 \times \tan 45°}{2 \times \pi \times \tan 30°} - 20 \fallingdotseq 46.2 \text{ (mm)}$$

【3】 $P = F(r_g + h_0) \tan \psi_{max} \dfrac{2\pi n}{60} \fallingdotseq 80\,049 \text{ (W)} = 80.0 \text{ (kW)}$

4章

【1】 $\dfrac{160 + 2 \times 4}{220 + 2 \times 4} = \dfrac{n_2}{600}$

$n_2 \fallingdotseq 442 \text{ (rpm)}$

【2】 平掛けの場合

　　小プーリの接触角

$$\alpha_A = \pi - 2\sin^{-1}\frac{600 - 300}{2 \times 3 \times 1\,000}$$

$\fallingdotseq 168°52'$

　　大プーリの接触角

$$\alpha_B = \pi + 2\sin^{-1}\frac{d_B - d_A}{2a}$$

$\fallingdotseq 191°48'$

十字掛けの場合

　　両プーリの接触角

$$\alpha_{A,B} = \pi + 2\sin^{-1}\frac{d_B + d_A}{2a}$$

$\fallingdotseq 214°92'$

【3】 34° の場合：$\mu' = \dfrac{\mu}{\sin\dfrac{\alpha}{2} + \mu\cos\dfrac{\alpha}{2}} = \dfrac{0.35}{\sin\dfrac{34°}{2} + 0.35 \times \cos\dfrac{34°}{2}}$

$\fallingdotseq 0.56$

36° の場合：$\mu' = \dfrac{\mu}{\sin\dfrac{\alpha}{2} + \mu\cos\dfrac{\alpha}{2}} = \dfrac{0.35}{\sin\dfrac{36°}{2} + 0.35 \times \cos\dfrac{36°}{2}}$

$\fallingdotseq 0.55$

38° の場合：$\mu' = \dfrac{\mu}{\sin\dfrac{\alpha}{2} + \mu\cos\dfrac{\alpha}{2}} = \dfrac{0.35}{\sin\dfrac{38°}{2} + 0.35 \times \cos\dfrac{38°}{2}}$

$\fallingdotseq 0.53$

【4】
$$\mu' = \frac{\mu}{\sin\frac{\alpha}{2} + \mu\cos\frac{\alpha}{2}} = \frac{0.3}{\sin\frac{34°}{2} + 0.3\times\cos\frac{34°}{2}}$$
$$\fallingdotseq 0.52$$

速度 v は
$$v = \frac{\pi \cdot d_1 \cdot n}{1\,000\times 60} = \frac{\pi\times 100\times 1\,800}{1\,000\times 60}$$
$$\fallingdotseq 9.42 \text{ [m/s]}$$

引張側の張力 T_t は，ベルトの引張強さ 2.4 kN，安全率 10 より
$$T_t = \frac{2\,400}{10} = 240 \text{ [N]}$$

として，ベルト 1 本当りの伝達動力を求める．
$$P = T_e \cdot v = v(T_t - mv^2)\frac{e^{\mu'\bar{\omega}} - 1}{e^{\mu'\theta}}$$
$$= 9.42\times(240 - 0.12\times 9.42^2)\frac{e^{\frac{0.52\times 150\pi}{180}} - 1}{e^{\frac{0.52\times 150\pi}{180}}}$$
$$\fallingdotseq 1\,606.7 \text{ [W]}$$

したがって，ベルトの本数 N は
$$N \fallingdotseq \frac{2.5}{1.6} \fallingdotseq 1.56$$

必要なベルト本数は，2 本となる．

5 章

【1】$r_{b1} = 60.588\,235$ [mm]，$r_{b2} = 42.411\,765$ [mm]

【2】法線ピッチの二つの式 $t_e = \pi m \cos\alpha_0$，$t_e Z = 2\pi r_g$ より
$$\frac{2\pi r_g}{Z} = t_e = \pi m \cos\alpha_0$$
$$\therefore\ r_g = \left(\frac{mZ}{2}\right)\cos\alpha_0$$

【3】歯車創成条件 $v\cos\alpha_0 = r_g\omega$ に【2】の結果
$$r_g = \left(\frac{mZ}{2}\right)\cos\alpha_0$$

を代入整理すると
$$v = \left(\frac{mZ}{2}\right)\omega = \left(\frac{3\times 30}{2}\times 10\right) = 450 \text{ [mm/s]}$$

【4】(1) 接触点 Q の速度

$$v_Q = r_{g1}\omega_1 = \left(\frac{mZ_1}{2}\cos\alpha_0\right)\left(n_1 \times \frac{2\pi}{60}\right)$$
$$= 692.274\,82 \ [\text{mm/s}]$$

（注　$v_Q = r_{g2}\omega_2$ を使っても同じ結果になる）

（2）$\Delta Q = r_{g1}\theta_1 = \left(\dfrac{mZ_1}{2}\cos\alpha_0\right)\left(45°\times\dfrac{\pi}{180°}\right)$
$$= 15.498\,690 \ [\text{mm}]$$

（3）$\theta_1 Z_1 = \theta_2 Z_2$ より
$$\theta_2 = \frac{\theta_1 Z_1}{Z_2} = 14.318\,182°$$

【5】（1）$\theta_1 Z_1 = \theta_2 Z_2$ より
$$\theta_2 = \frac{\theta_1 Z_1}{Z_2} = 23.647\,059°$$

（2）$\omega_1 Z_1 = \omega_2 Z_2$ より
$$\omega_2 = \frac{\omega_1 Z_1}{Z_2} = 7.882\,352\,9 \ [\text{rad/s}]$$

（3）中心距離の式
$$a = \frac{mZ_{12}}{2}\frac{\cos\alpha_0}{\cos\alpha_b}$$

を $\cos\alpha_b$ について解くと
$$\cos\alpha_b = \frac{mZ_{12}}{2}\cos\alpha_0 = 0.933\,550\,84$$
$$\therefore \ \alpha_b = 21.004\,730°$$

（4）かみあいピッチ円の式より
$$\therefore \ r_{b1} = \frac{Z_1}{Z_{12}}a = 67.440\,789 \ [\text{mm}]$$
$$\therefore \ r_{b2} = a - r_{b1} = 85.559\,211 \ [\text{mm}]$$

【6】バックラッシの式より
$$\text{inv}\,\alpha_b = \text{inv}\,\alpha_0 + \frac{2x_{12}}{Z_{12}}\tan\alpha_0 + \frac{C_n}{mZ_{12}\cos\alpha_0}$$
$$= 0.013\,562\,115$$

インボリュート関数表から α_b を求めると
$$\alpha_b = 19.4°$$

中心距離の式より
$$a = \frac{mZ_{12}}{2}\frac{\cos\alpha_0}{\cos\alpha_b} = 84.681\,885 \ [\text{mm}]$$

【7】中心距離の式

$$a = \frac{mZ_{12}}{2} \frac{\cos \alpha_0}{\cos \alpha_b}$$

を $\cos \alpha_b$ について解くと

$$\cos \alpha_b = \frac{mZ_{12}}{2} \cos \alpha_0 = 0.916\,200\,31$$

$$\therefore \quad \alpha_b = 23.623\,234°$$

したがって

$$\text{inv } \alpha_b = \tan \alpha_b - \alpha_b \times \left(\frac{\pi}{180}\right) = 0.014\,904\,383$$

バックラッシの式

$$\text{inv } \alpha_b = \text{inv } \alpha_0 + \frac{2x_{12}}{Z_{12}} \tan \alpha_0 + \frac{C_n}{mZ_{12} \cos \alpha_0}$$

を x_{12} について解くと,与条件 $C_n = 0$ を使い

$$x_{12} = \frac{(\text{inv } \alpha_b - \text{inv } \alpha_0) Z_{12}}{2 \tan \alpha_0} = 0.907\,632\,97$$

【8】 (1) バックラッシの式より

$$\text{inv } \alpha_b = \text{inv } \alpha_0 + \frac{2x_{12}}{Z_{12}} \tan \alpha_0 + \frac{C_n}{mZ_{12} \cos \alpha_0}$$

$$= 0.020\,371\,389$$

インボリュート関数表から α_b を求めると

$$\alpha_b = 22.1°$$

中心距離の式

$$a = \frac{mZ_{12}}{2} \frac{\cos \alpha_0}{\cos \alpha_b}$$

をモジュール m について解くと

$$m = \frac{2a \cos \alpha_b}{Z_{12} \cos \alpha_0} = 3.000\,23$$

m は切れのよい数なので $m=3$ に丸める。

(2) 中心距離の式

$$a = \frac{mZ_{12}}{2} \frac{\cos \alpha_0}{\cos \alpha_b}$$

を $\cos \alpha_b$ について解くと

$$\cos \alpha_b = \frac{mZ_{12}}{2a} \cos \alpha_0 = \frac{3 \times 43}{2 \times 63.9} \cos 20° = 0.948\,516\,03$$

$$\therefore \quad \alpha_b = 18.465\,232°$$

つぎにバックラッシの式

$$\text{inv}\,\alpha_b = \text{inv}\,\alpha_0 + \frac{2x_{12}}{Z_{12}}\tan\alpha_0 + \frac{C_n}{mZ_{12}\cos\alpha_0}$$

を x_{12} について解くと,与条件 $C_n = 0$ を使い

$$x_{12} = \frac{(\text{inv}\,\alpha_b - \text{inv}\,\alpha_0)Z_{12}}{2\tan\alpha_0} = -0.192\,734\,55$$

$$\therefore\quad x_2 = x_{12} - x_1 = -0.202\,734\,55$$

【9】 速比

$$u = \frac{n_2}{n_1} = \frac{1\,920}{3\,000} = \frac{Z_1}{Z_2} = \frac{16}{25} = \frac{32}{50}$$

なので,$(Z_1, Z_2) = (16, 25)$ または $= (32, 50)$。おのおのの場合の各項目の値は**解表 5.1** のとおり。表中の ● は転位係数の和 x_{12} のおのおのの転位係数 (x_1, x_2) への分け方に依存する量である。

解表 5.1

項　目		設計値(イ)	設計値(ロ)
歯　数	Z_1	16	32
	Z_2	25	50
モジュール	m	4	2
転位係数の和	x_{12}	0.506 013 72	1.012 027 4
転位係数	● x_1	0.253 006 86	0.506 013 72
	● x_2	0.253 006 86	0.506 013 72
基礎円半径	r_{g1}	30.070 164 mm	同左
	r_{g2}	46.984 631 mm	同左
かみあいピッチ円半径	r_{b1}	32.780 488 mm	同左
	r_{b2}	51.219 512 mm	同左
かみあい圧力角	α_b	23.462 769°	同左
歯先円半径	● r_{k1}	36.987 973 mm	同左
	● r_{k2}	54.987 973 mm	同左
法線ピッチ	t_e	11.808 526 mm	5.904 262 9 mm
中心距離	a	84 mm	同左
バックラッシ	C_n	0.1 mm	同左
かみあい長さ	● l	16.661 215 mm	8.940 465 6 mm
かみあい率	● ε	1.410 947 9	1.514 239 1
中心距離増加係数	y	0.5	1.0
切下げなしの最小の転位係数	x_{1u}	0.064 177 772	$-0.871\,644\,46$
	x_{2u}	$-0.462\,222\,23$	$-1.924\,444\,5$

【10】 中心距離 $a=45.900\,008$ 〔mm〕, inv $a_b=0.022\,698\,685$, $\therefore a_b=22.887\,966°$, 中心距離増加係数 $y=0.300\,002\,68$, 基礎円半径 $r_{g1}=16.914\,467$ 〔mm〕, $r_{g2}=25.371\,701$ 〔mm〕, 歯先円半径 $r_{k1}=21.336\,348$ 〔mm〕, $r_{k2}=30.000\,008$ 〔mm〕, かみあい長さ $l=11.967\,142$ 〔mm〕, 法線ピッチ $t_e=8.856\,394\,3$ 〔mm〕, かみあい率 $\varepsilon=l/t_e=1.351$

【11】 作表法で作った表は**解表 5.2** のとおり。腕固定で歯車 1, 2 がかみあうときの基本式は

$$n_1 z_1 = n_2 z_2$$

$$\therefore\ n_2 = \frac{n_1 z_1}{z_2}$$

解表 5.2 　　〔⊕, rev〕

手　順	z_1	z_2	z_3	z_4	腕 A
(イ) 全体のりづけ	a	a	a	a	a
(ロ) 腕固定	b	$-\dfrac{z_1}{z_2}b$	$-\dfrac{z_1}{z_2}b=b_3$	$\dfrac{z_1 z_3}{z_2 z_4}b$	0
(ハ) 合成結果	$a+b$ $(=n_1=-10)$	$a-\dfrac{z_1}{z_2}b$	$a-\dfrac{z_1}{z_2}b=b_3$	$a+\dfrac{z_1 z_3}{z_2 z_4}b$ $(=n_4)$	a $(=n_A=10)$

(a, b) を未知数とみなし連立すると

$$a+b=-10,\quad a=10$$

これを解くと

$$a=10,\quad b=-20$$

したがって

$$n_4 = a + b\frac{z_1 z_3}{z_2 z_4} = -24 \text{ 〔rev〕}$$

【12】 作表法で作った表は**解表 5.3** のとおり。

解表 5.3 　　〔⊕, rpm〕

手　順	z_1	z_3	z_2	腕 C
(イ) 全体のりづけ	a	a	a	a
(ロ) 腕固定	b	$-\dfrac{z_1}{z_3}b$	$-\dfrac{z_1}{z_2}b$	0
(ハ) 合成結果	$a+b$ $(=n_1)$	$a-\dfrac{z_1}{z_3}b$ $(=n_2)$	$a-\dfrac{z_1}{z_2}b$ $(=n_2)$	a $(=n_C)$

(a, b) を未知数とみなし,与条件を用いて (a, b) を解く.例えば,(入力,出力,固定)＝(太陽歯車1,腕C,内歯車2) とすると

$$n_2=0$$

$$\therefore \quad a-b\frac{z_1}{z_2}=0$$

これは a, b 間の1個の関係式であり,a, b のどちらかを任意に与えると他方がこの関係式で決まる.したがって,速比

$$u=\frac{n_C}{n_1}=\frac{a}{a+b}=\frac{a}{a+a\left(\frac{z_2}{z_1}\right)}=\frac{z_1}{z_1+z_2} \quad (\leq 1)$$

そのほかの (入力,出力,固定) 条件での速比も同様に計算できる.条件を変えても表はまったく変更なしに使える点に注意せよ (**解表 5.4**).

解表 5.4

入力	出力	固定	減速比 $R=1/u$
1	2	C	$-z_2/z_1$
2	1	C	$-z_1/z_2$
1	C	2	$1+z_2/z_1$
C	1	2	$1/(1+z_2/z_1)$
2	C	1	$1+z_1/z_2$
C	2	1	$1/(1+z_1/z_2)$

【13】各段ごと別々の表を作表して,与条件を連立する.

(a) $\quad R=1-\dfrac{z_2 z_4}{z_1 z_3}$

(b) $\quad R=\left(1+\dfrac{z_2}{z_1}\right)\left(-\dfrac{z_4}{z_3}\right)-\left(\dfrac{z_2}{z_1}\right)$

(c) 内歯車なしの型であり

$$\frac{1}{R}=1-\frac{z_1 z_3}{z_2 z_4}$$

(d) 太陽歯車なしの型であり

$$\frac{1}{R}=1-\frac{z_2 z_3}{z_1 z_4}$$

【14】(1) 作表法より速比

$$u=\frac{n_A}{n_1}=\frac{z_1}{z_1+z_3}$$

(2) 与条件より

$$u = \frac{1}{3}$$

遊星歯車のはめ込み条件より

$$\frac{z_1 + z_3}{6} = k \ (\text{整数})$$

歯数の関係式より

$$z_3 = z_1 + 2z_2$$

切下げ防止条件より

$$\text{各 } z_i \geq 18$$

速比の式を代入整理すると

$$2z_1 = z_3, \ z_1 + z_3 = 6k, \ 2z_2 = z_3 - z_1$$

ここで，k をパラメータとみなし，未知数 (z_1, z_2, z_3) を k で表現すると

$$(z_1, z_2, z_3) = (2k, k, 4k)$$

切下げ防止条件 $z_i \geq 18$ より，最小の歯数の組合せは $k=18$ とすればよい。したがって

$$(z_1, z_2, z_3) = (36, 18, 72)$$

【15】(a) 作表法の表は**解表 5.5** のようになる。

解表 5.5　　　($\stackrel{\curvearrowleft}{\bigcirc}, \rightarrow$; rev, mm)

手　順	ノブ軸 1	土台 2	直動軸 3
(イ) 全体のりづけ	(θ, δ)	(θ, δ)	(θ, δ)
(ロ) ノブ軸固定	$(0, 0)$	$(\alpha, -p_2\alpha)$	$(\beta, p_3\beta)$
(ハ) 合成結果	(θ, δ)	$(\theta + \alpha, \delta - p_2\alpha)$	$(\theta + \beta, \delta + p_3\beta)$

土台は不動なので

$$(\theta + \alpha, \delta - p_2\alpha) = (0, 0)$$

$$\therefore \ \alpha = -\theta, \ \delta = p_2\alpha = -p_2\theta$$

直動軸は回転しないので

$$\theta + \beta = 0$$

$$\therefore \ \beta = -\theta$$

したがって，直動軸の直動変位

$$l_3 = \delta + p_3\beta = -(p_2 + p_3)\theta \ [\text{mm}]$$

(b) も同様に考えて，$l_3 = (p_2 - p_3)\theta \ [\text{mm}]$

索　　引

【あ】
麻ロープ　　　　　　　　103
圧力角　　　　　　　78,140
アンダーカット　　　　　152

【い】
移送法　　　　　　　　　21
板カム　　　　　　　　　60
位置ベクトル　　　　　　11
糸巻円　　　　　　　　　125
インボリュート　　　　　125
インボリュートカム　　　129
インボリュート関数　　　141
インボリュート関数表
　　　　　　　　　141,142
インボリュート歯形　　　128
インボリュート平歯車　　125

【う】
ウィットワースの早戻り機構
　　　　　　　　　　　　40
腕　　　　　　　　　　　159
腕固定　　　　　　　　　160

【え】
円インボリュート　　　　125
円円対応　　　　　　　　50
円周ピッチ　　　　　　　162
円すいカム　　　　　　　65
円筒カム　　　　　　　　63

【お】
往復スライダクランク機構
　　　　　　　　　　　　38

オフセット　　　　　　　39
オープンベルト　　　　　90

【か】
外積　　　　　　　　　　13
　　――の三重積　　　　13
回転数　　　　　　　　　120
回転対偶　　　　　　　　1
確実伝動　　　　　　　　87
角速度ベクトル　　　　　12
確動カム機構　　　　　　67
加速度ベクトル　　　　　11
形削り盤　　　　　　　　39
かたより　　　　　　　　39
カプラ　　　　　　　　　42
かみあい圧力角　　　　　147
かみあい長さ　　　　　　155
かみあいピッチ円　　　　122
かみあいピッチ円筒
　　　　　　　　　　　　122
かみあいピッチ点　　　　122
かみあい率　　　　　　　156
カム線図　　　　　　　　67
緩和曲線　　　　　　　　70

【き】
機構全体の自由度　　　　3
機構の総合　　　　　　　1
基準圧力角　　　　　　　133
基準ピッチ円　　　　　　135
基準ピッチ線　　　　　　133
基準ラック　　　　　　　133
基礎円　　　　　　　　　125
逆インボリュート関数の
　　近似式　　　　　　　141

球対偶　　　　　　　　　1
球面カム　　　　　　　　64
切下げ　　　　　　　　　152
切下げ曲線　　　　　　　157
近似直線運動機構　　　　49

【く】
空間リンク機構　　　　　3
グラスホフの定理　　　　42
クランク　　　　　　　2,41
クランク軸の導入　　　　42
クランクてこ　　　　42,45
クランクてこ機構　　　　45
クリープ現象　　　　　　96
クロスベルト　　　　　　90

【け】
桁落ち　　　　　　　　　34
ケネディーの定理　　　　7
減速係数　　　　　　　　145
減速比　　　　　　　　　121
原動車　　　　　　　　　120
原動節　　　　　　　　　1
厳密直線運動機構　　　　49

【こ】
向心加速度　　　　　　　24
合成結果　　　　　　　　160
拘束連鎖　　　　　　　　3
固定スライダクランク機構
　　　　　　　　　　　　41
固定連鎖　　　　　　　　3
コリオリの加速度　　　　20
ころがり接触　　　　　　135
ころがり対偶　　　　　　1

【さ】

砕石装置	38
サイレントチェーン	110
作表法	159
差動ねじ	163
差動ねじ装置	170
差動歯車装置	159
作用線	135, 146

【し】

思案点	35
自在継手	1
死点	36
斜面（斜板）カム	64
自由度	1
従動車	121
従動節	1
瞬間中心の定義	6
小歯車	137
正面カム	61

【す】

数式解法	10, 30
図形解法	20
スコットラッセル機構	49, 53
スコットラッセルの近似直線機構	53
ストローク	40
スプロケット	105, 108
スペース角	149
すべり対偶	1, 10
スライダ	29
スライダクランク機構	29

【せ】

正転位	136
切削原理	130
接触角	91
接触点	134, 146
節の交替	38, 45
線対偶	1

全体のり付け	160
セントロ多角形	7
セントロ頂点	8
セントロ辺	8

【そ】

増減速装置	36
相対運動	1
相対加速度	18
相対誤差	32
相対速度	18
相対変位	18
速度ベクトル	11
速比	121
素材	129

【た】

対偶	1
タイミングベルト	104
太陽歯車	159
探索点	143
探索法	143
端面カム	65
単リンク	3

【ち】

チェビシェフ機構	47, 49, 54
チェーン	105
中間節	42
中心距離	122, 147
中心距離増加係数	150, 153
頂げき（頂隙）	154
直線運動機構	49
直動カム	62
直動対偶	1

【て】

てこ	2, 41
テーブルリフト	25
転位係数	137, 153
転位歯車	137
――のピニオン	138, 139

――の利用	151
転位量	137
点対偶	1

【と】

等加速度カム	67
等速度カム	67
トグル機構	36
トルク	120

【に】

2項展開	31
2次収束	144
2段遊星歯車装置	169
ニュートン法	141

【ね】

ねじ軸	15
ねじ対偶	1
ねじ部ピッチ	164

【は】

倍力装置	36
歯形曲線	125
歯切ピッチ線	149
歯車軸心	123
歯車のかみあい	140, 145
歯車の種類	124
歯先円	128
歯先円半径	153
歯末の丈	151
歯すじ	123
はすば歯車	123
はずみ車	36
歯底円	128
歯底円半径	153
歯付きベルト	162
歯付きベルト伝動	104
バックラッシ	140, 149
ハートカム	70
ハート機構	49, 51
はめ込み条件	162
歯面	123

索引

歯面法線		149
早戻し機構		39
早戻り比		40
反対カム		62
パンチプレス		38
反転機構		50

【ひ】

ピストン駆動機構		83
ピッチ点		122
ピニオン		137
標準中心距離		150
標準歯車		137
標準歯車のピニオン		137
平歯車		123
平プーリ		90
平ベルト		90
平ベルト伝動装置		90

【ふ】

ファウラフラップ		56
複式ねじ		163
複式ねじ装置		164
複式リンク		3
負転位		136
ブランク		129
分解法		21,23

【へ】

平行リンク機構		48

平面フォロワカム機構		76
平面リンク機構		2
弁機構		80

【ほ】

ポイントフォロワ		65,69
法線ピッチ		127,128
法線方向バックラッシ		149
ポースリエ機構		49,51

【ま】

巻掛け伝動装置		86
摩擦伝動		87
回りスライダクランク機構		40

【む，め，も】

無限遠点		9,50
面対偶		1
綿ロープ		103
モジュール		133
モジュール標準値		134

【ゆ，よ】

遊星歯車		159
遊星歯車装置		159
ユニバーサルジョイント		1
揺動スライダクランク機構		39
4節回転リンク機構		7,41

【ら，り】

ラック		132
両クランク		42,45
両クランク機構		45
両てこ機構		42,46
両てこ（両カプラ）		45
リンク		1
リンクの角加速度		17
リンクの角速度		12
リンクプレート		110

【れ】

冷間リベッタ		38
零点		143
レバー		2
連結棒		29
連節法		21,22

【ろ】

ロッカ		42
ロバート則		47
ローラチェーン伝動		105
ローラフォロワ		66,73

【わ】

歪対称		15
ワイヤロープ		103
枠カム		63

【A】

AT車の変速装置		162

【C】

Coriolisの加速度		20

【G】

Grashofの定理		42

【K】

Kennedyの定理		7

【N】

Newton法		141

【R, S】

Robert則		47
Sより		103

【V, W】

Vベルト伝動装置		98
Whitworthの早戻り機構		40

【Z】

Zより		103

―― 著 者 略 歴 ――

重松　洋一（しげまつ　よういち）
- 1979 年　北海道大学理学部数学科卒業
- 1982 年　北海道大学工学部精密工学科卒業
- 1984 年　北海道大学大学院修士課程修了
　　　　　（精密工学専攻）
- 1984 年　株式会社日立製作所勤務
- 1991 年　工学博士（北海道大学）
- 1991 年　北海道工業大学講師
- 1996 年　群馬工業高等専門学校助教授
- 2007 年　群馬工業高等専門学校准教授
- 2011 年　群馬工業高等専門学校教授
　　　　　現在に至る

大髙　敏男（おおたか　としお）
- 1988 年　山形大学工学部精密工学科卒業
- 1990 年　山形大学大学院修士課程修了
　　　　　（精密工学専攻）
- 1990 年　株式会社東芝勤務
- 2000 年　東京都立工業高等専門学校助教授
- 2002 年　博士（工学）（東京都立大学）
- 2003 年　東京都立大学客員講師
- 2005 年　技術士（機械部門　第 56798 号）
- 2007 年　国士舘大学准教授
- 2011 年　国士舘大学教授
　　　　　現在に至る

機　構　学
Mechanisms　　　　　　© Yoichi Shigematsu, Toshio Otaka 2008

2008 年 4 月 18 日　初版第 1 刷発行
2015 年 9 月 20 日　初版第 4 刷発行

検印省略

著　者	重　松　洋　一
	大　髙　敏　男
発行者	株式会社　コロナ社
	代表者　牛来真也
印刷所	新日本印刷株式会社

112-0011　東京都文京区千石 4-46-10

発行所　株式会社　コロナ社
CORONA PUBLISHING CO., LTD.
Tokyo Japan
振替 00140-8-14844・電話(03)3941-3131(代)

ホームページ http://www.coronasha.co.jp

ISBN 978-4-339-04473-7　（水谷）　　（製本：愛千製本所）
Printed in Japan

本書のコピー，スキャン，デジタル化等の無断複製・転載は著作権法上での例外を除き禁じられております。購入者以外の第三者による本書の電子データ化及び電子書籍化は，いかなる場合も認めておりません。

落丁・乱丁本はお取替えいたします

機械系 大学講義シリーズ

(各巻A5判，欠番は品切です)

■編集委員長　藤井澄二
■編集委員　　臼井英治・大路清嗣・大橋秀雄・岡村弘之
　　　　　　　黒崎晏夫・下郷太郎・田島清灝・得丸英勝

配本順				頁	本体
1.	(21回)	材　料　力　学	西　谷　弘　信著	190	2300円
3.	(3回)	弾　　性　　学	阿　部・関　根共著	174	2300円
5.	(27回)	材　料　強　度	大　路・中　井共著	222	2800円
6.	(6回)	機　械　材　料　学	須　藤　　　一著	198	2500円
9.	(17回)	コンピュータ機械工学	矢　川・金　山共著	170	2000円
10.	(5回)	機　械　力　学	三　輪・坂　田共著	210	2300円
11.	(24回)	振　　動　　学	下　郷・田　島共著	204	2500円
12.	(26回)	改訂　機　構　学	安　田　仁　彦著	244	2800円
13.	(18回)	流体力学の基礎（1）	中林・伊藤・鬼頭共著	186	2200円
14.	(19回)	流体力学の基礎（2）	中林・伊藤・鬼頭共著	196	2300円
15.	(16回)	流体機械の基礎	井　上・鎌　田共著	232	2500円
17.	(13回)	工業熱力学（1）	伊　藤・山　下共著	240	2700円
18.	(20回)	工業熱力学（2）	伊　藤　猛　宏著	302	3300円
19.	(7回)	燃　焼　工　学	大　竹・藤　原共著	226	2700円
20.	(28回)	伝　熱　工　学	黒　崎・佐　藤共著	218	3000円
21.	(14回)	蒸　気　原　動　機	谷　口・工　藤共著	228	2700円
22.		原子力エネルギー工学	有　冨・齊　藤共著		
23.	(23回)	改訂　内　燃　機　関	廣安・實諸・大山共著	240	3000円
24.	(11回)	溶　融　加　工　学	大　中・荒　木共著	268	3000円
25.	(25回)	工作機械工学（改訂版）	伊　東・森　脇共著	254	2800円
27.	(4回)	機　械　加　工　学	中　島・鳴　瀧共著	242	2800円
28.	(12回)	生　産　工　学	岩　田・中　沢共著	210	2500円
29.	(10回)	制　御　工　学	須　田　信　英著	268	2800円
30.		計　測　工　学	山本・宮城・臼田 高辻・榊原　共著		
31.	(22回)	システム工学	足立・酒井 髙橋・飯國　共著	224	2700円

定価は本体価格+税です。
定価は変更されることがありますのでご了承下さい。

図書目録進呈◆

メカトロニクス教科書シリーズ

(各巻A5判，欠番は品切です)

■編集委員長　安田仁彦
■編　集　委　員　末松良一・妹尾允史・高木章二
　　　　　　　　　藤本英雄・武藤高義

配本順			頁	本体
1. (4回)	メカトロニクスのための**電子回路基礎**	西 堀 賢 司 著	264	3200円
2. (3回)	メカトロニクスのための**制御工学**	高 木 章 二 著	252	3000円
3. (13回)	**アクチュエータの駆動と制御（増補）**	武 藤 高 義 著	200	2400円
4. (2回)	**センシング工学**	新 美 智 秀 著	180	2200円
5. (7回)	**CADとCAE**	安 田 仁 彦 著	202	2700円
6. (5回)	**コンピュータ統合生産システム**	藤 本 英 雄 著	228	2800円
7. (16回)	**材料デバイス工学**	妹尾允史・伊藤智徳 共著	196	2800円
8. (6回)	**ロボット工学**	遠 山 茂 樹 著	168	2400円
9. (17回)	**画像処理工学**（改訂版）	末松良一・山田宏尚 共著	238	3000円
10. (9回)	**超精密加工学**	丸 井 悦 男 著	230	3000円
11. (8回)	**計測と信号処理**	鳥 居 孝 夫 著	186	2300円
13. (14回)	**光　　工　　学**	羽 根 一 博 著	218	2900円
14. (10回)	**動的システム論**	鈴 木 正 之 他著	208	2700円
15. (15回)	メカトロニクスのための**トライボロジー入門**	田中勝之・川久保洋二 共著	240	3000円
16. (12回)	メカトロニクスのための**電磁気学入門**	高 橋 　 裕 著	232	2800円

定価は本体価格+税です。
定価は変更されることがありますのでご了承下さい。

図書目録進呈◆

ロボティクスシリーズ

（各巻A5判）

- ■編集委員長　有本　卓
- ■幹　　　事　川村貞夫
- ■編集委員　　石井　明・手嶋教之・渡部　透

配本順				頁	本体
1.	(5回)	ロボティクス概論	有本　卓 編著	176	2300円
2.	(13回)	電気電子回路 ―アナログ・ディジタル回路―	杉本英彦／山中克彦／小西　聡 共著	192	2400円
3.	(12回)	メカトロニクス計測の基礎	石井　明／木股雅章／金　　透 共著	160	2200円
4.	(6回)	信号処理論	牧川方昭 著	142	1900円
5.	(11回)	応用センサ工学	川村貞夫 編著	150	2000円
6.	(4回)	知能科学 ―ロボットの"知"と"巧みさ"―	有本　卓 著	200	2500円
7.		メカトロニクス制御	平井慎一／坪内孝司／秋下貞夫 共著		
8.	(14回)	ロボット機構学	永井　清／土橋　宏 共著	140	1900円
9.		ロボット制御システム			
10.		ロボットと解析力学	有本　卓／田原健二 共著		
11.	(1回)	オートメーション工学	渡部　透 著	184	2300円
12.	(9回)	基礎福祉工学	手嶋教之／米本清／相川孝訓／相良朗／糟谷紀之 共著	176	2300円
13.	(3回)	制御用アクチュエータの基礎	川村貞夫／野方誠／田所諭／早川恭弘／松浦裕 共著	144	1900円
14.	(2回)	ハンドリング工学	平井慎一／若松栄史 共著	184	2400円
15.	(7回)	マシンビジョン	石井　明／斉藤文彦 共著	160	2000円
16.	(10回)	感覚生理工学	飯田健夫 著	158	2400円
17.	(8回)	運動のバイオメカニクス ―運動メカニズムのハードウェアとソフトウェア―	牧川方昭／吉田正樹 共著	206	2700円
18.		身体運動とロボティクス	川村貞夫 編著		

定価は本体価格＋税です。
定価は変更されることがありますのでご了承下さい。

図書目録進呈◆

システム制御工学シリーズ

(各巻A5判，欠番は品切です)

■編集委員長　池田雅夫
■編集委員　足立修一・梶原宏之・杉江俊治・藤田政之

配本順				頁	本体
1.	(2回)	システム制御へのアプローチ	大須賀公二／足立修一 共著	190	2400円
2.	(1回)	信号とダイナミカルシステム	足立修一 著	216	2800円
3.	(3回)	フィードバック制御入門	杉江俊治／藤田政之 共著	236	3000円
4.	(6回)	線形システム制御入門	梶原宏之 著	200	2500円
5.	(4回)	ディジタル制御入門	萩原朋道 著	232	3000円
6.	(17回)	システム制御工学演習	杉江俊治／梶原宏之 共著	272	3400円
7.	(7回)	システム制御のための数学 (1) ―線形代数編―	太田快人 著	266	3200円
9.	(12回)	多変数システム制御	池田雅夫／藤崎泰正 共著	188	2400円
12.	(8回)	システム制御のための安定論	井村順一 著	250	3200円
13.	(5回)	スペースクラフトの制御	木田隆 著	192	2400円
14.	(9回)	プロセス制御システム	大嶋正裕 著	206	2600円
16.	(11回)	むだ時間・分布定数系の制御	阿部直人／児島晃 共著	204	2600円
17.	(13回)	システム動力学と振動制御	野波健蔵 著	208	2800円
18.	(14回)	非線形最適制御入門	大塚敏之 著	232	3000円
19.	(15回)	線形システム解析	汐月哲夫 著	240	3000円
20.	(16回)	ハイブリッドシステムの制御	井村順一／東俊一／増淵泉 共著	238	3000円
21.	(18回)	システム制御のための最適化理論	延山英沢昇 共著	272	3400円
22.	(19回)	マルチエージェントシステムの制御	東永俊正章 編著	232	3000円

以下続刊

8. システム制御のための数学 (2) ―関数解析編― 太田快人 著
11. 実践ロバスト制御系設計入門 平田光男 著
　　適応制御 宮里義彦 著
10. ロバスト制御理論 浅井徹 著
　　行列不等式アプローチによる制御系設計 小原敦美 著
　　ネットワーク化制御システム 石井秀明 著

定価は本体価格+税です。
定価は変更されることがありますのでご了承下さい。

図書目録進呈◆

コンピュータダイナミクスシリーズ

(各巻A5判)

■日本機械学会 編

			頁	本体
1.	数値積分法の基礎と応用	藤川　猛 清水信行 編著	238	3300円
2.	非線形系のダイナミクス ―非線形現象の解析入門―	近藤・永井・矢ヶ崎 藪野・吉沢 共著	256	3500円
3.	マルチボディダイナミクス(1) ―基礎理論―	清水信行 今西悦二郎 共著	324	4500円
4.	マルチボディダイナミクス(2) ―数値解析と実際―	清水信行 曽我部潔 編著	272	3800円

加工プロセスシミュレーションシリーズ

(各巻A5判，CD-ROM付)

■日本塑性加工学会編

配本順		(執筆者代表)	頁	本体
1.(2回)	静的解法FEM―板成形	牧野内昭武	300	4500円
2.(1回)	静的解法FEM―バルク加工	森　謙一郎	232	3700円
3.	動的陽解法FEM―3次元成形			
4.(3回)	流動解析―プラスチック成形	中野　亮	272	4000円

定価は本体価格+税です。
定価は変更されることがありますのでご了承下さい。

図書目録進呈◆

機械系教科書シリーズ

(各巻A5判)

- ■編集委員長　木本恭司
- ■幹　事　　　平井三友
- ■編集委員　　青木　繁・阪部俊也・丸茂榮佑

	配本順			頁	本体
1.	(12回)	機械工学概論	木本恭司 編著	236	2800円
2.	(1回)	機械系の電気工学	深野あづさ 著	188	2400円
3.	(20回)	機械工作法(増補)	平井三友・和田任弘・塚本晃久 共著	208	2500円
4.	(3回)	機械設計法	朝比奈奎一・黒田孝春・山口健二・古川勇二・荒井　栄・吉浜誠司・浜田己 共著	264	3400円
5.	(4回)	システム工学	古荒吉浜 克徳洋 共著	216	2700円
6.	(5回)	材料学	久保井原 徳恵蔵 共著	218	2600円
7.	(6回)	問題解決のための Cプログラミング	佐中藤村 次郎一男 著	218	2600円
8.	(7回)	計測工学	前木押田田村 良昭一郎至州啓秀 共著	220	2700円
9.	(8回)	機械系の工業英語	牧野水雅橋部之雄也茂佑 共著	210	2500円
10.	(10回)	機械系の電子回路	高阪橋本 晴俊榮恭忠 共著	184	2300円
11.	(9回)	工業熱力学	丸木藪伊 佑司 共著	254	3000円
12.	(11回)	数値計算法	井木山 惇男司紀 共著	170	2200円
13.	(13回)	熱エネルギー・環境保全の工学	藤田本崎 民恭友 共著	240	2900円
14.	(14回)	情報処理入門 —情報の収集から伝達まで—	松今宮 下城武 浩一明 明夫義雄彦 共著	216	2600円
15.	(15回)	流体の力学	坂坂田本 口石 光雅紘剛夫誠 共著	208	2500円
16.	(16回)	精密加工学	田明吉米村山 靖内 二男 共著	200	2400円
17.	(17回)	工業力学		224	2800円
18.	(18回)	機械力学	青木　繁 著	190	2400円
19.	(29回)	材料力学(改訂版)	中島正貴 著	216	2700円
20.	(21回)	熱機関工学	越老吉 智固本 敏潔隆 明一光也一 共著	206	2600円
21.	(22回)	自動制御	阪飯田川 部田川 俊賢恭弘 共著	176	2300円
22.	(23回)	ロボット工学	早櫟矢 野松重 順洋敏 共著	208	2600円
23.	(24回)	機構学		202	2600円
24.	(25回)	流体機械工学	小池勝 著	172	2300円
25.	(26回)	伝熱工学	丸矢牧 茂尾野 榮匡佑水秀 共著	232	3000円
26.	(27回)	材料強度学	境田　彰芳 編著	200	2600円
27.	(28回)	生産工学 —ものづくりマネジメント工学—	本位田川 皆　光健多郎 共著	176	2300円
28.		CAD/CAM	望月達也 著		

定価は本体価格+税です。
定価は変更されることがありますのでご了承下さい。

◆図書目録進呈◆